工业机器人技术专业"十三五"规划教材

工业机器人应用人才培养指定用书

工业机器人技术基础及应用

张明文　主编◆

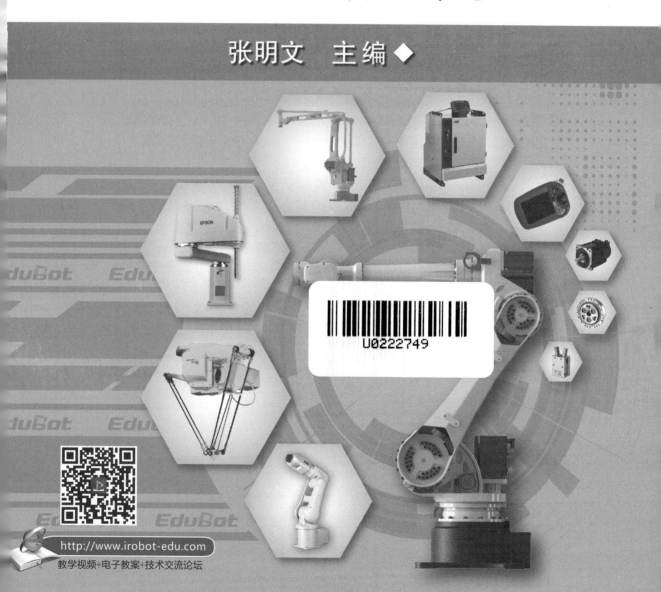

http://www.irobot-edu.com

教学视频+电子教案+技术交流论坛

哈尔滨工业大学出版社

HITP　HARBIN INSTITUTE OF TECHNOLOGY PRESS

内 容 简 介

本书以国际工业机器人四大家族 ABB、KUKA、YASKAWA 和 FANUC 机器人为主要对象，配合工业应用中的主流机型，系统地介绍了工业机器人技术与操作应用的基本共性知识。以工业机器人技术基础知识为出发点，运用丰富的实物图片，概述了工业机器人的定义、特点、分类、应用及发展情况，全面分析了工业机器人的技术参数、基本组成和运动原理，通过典型实例对工业机器人基本示教操作和实际应用进行系统讲解，并介绍了工业机器人近年来呈现的新技术、新趋势。通过对本书学习，能够使读者对工业机器人技术和实操应用过程有一个全面清晰的认识。

本书可作为高校机电一体化、电气自动化及机器人技术等相关专业的教材，也可作为工业机器人培训机构培训教材，并可供从事相关行业的技术人员作为技术参考。

本书有丰富的配套教学资源，凡使用本书作为教材的教师可咨询相关机器人实训装备，也可通过书末"教学资源获取单"索取相关数字教学资源。咨询邮箱：edubot_zhang@126.com。

图书在版编目（CIP）数据

工业机器人技术基础及应用/张明文主编. ——
哈尔滨：哈尔滨工业大学出版社，2017.7(2024.7 重印)
ISBN 978-7-5603-6626-5

Ⅰ. ①工… Ⅱ. ①张… Ⅲ. ①工业机器人-研究
Ⅳ. ①TP242.2

中国版本图书馆 CIP 数据核字（2017）第 090686 号

策划编辑　王桂芝　张　荣
责任编辑　范业婷　刘　威
出版发行　哈尔滨工业大学出版社
社　　址　哈尔滨市南岗区复华四道街 10 号　邮编 150006
传　　真　0451-86414749
网　　址　http://hitpress.hit.edu.cn
印　　刷　辽宁新华印务有限公司
开　　本　787mm×1092mm　1/16　印张 15.75　字数 353 千字
版　　次　2017 年 1 月第 1 版　2024 年 7 月第 6 次印刷
书　　号　ISBN 978-7-5603-6626-5
定　　价　45.00 元

序 一

现阶段，我国制造业面临资源短缺、劳动成本上升、人口红利减少等压力，而工业机器人的应用与推广，将极大地提高生产效率和产品质量，降低生产成本和资源消耗，有效地提高我国工业制造竞争力。我国《机器人产业发展规划（2016—2020）》强调，机器人是先进制造业的关键支撑装备和未来生活方式的重要切入点。广泛采用工业机器人，对促进我国先进制造业的崛起，有着十分重要的意义。"机器换人，人用机器"的新型制造方式有效推进了工业转型升级。

工业机器人作为集众多先进技术于一体的现代制造业装备，自诞生至今已经取得了长足进步。当前，新科技革命和产业变革正在兴起，全球工业竞争格局面临重塑，世界各国紧抓历史机遇，纷纷出台了一系列国家战略：美国的"再工业化"战略、德国的"工业4.0"计划、欧盟的"2020增长战略"，以及我国推出的"中国制造2025"战略。这些国家都以先进制造业为重点战略，并将机器人作为智能制造的核心发展方向。伴随机器人技术的快速发展，工业机器人已成为柔性制造系统（FMS）、自动化工厂（FA）、计算机集成制造系统（CIMS）等先进制造业的关键支撑装备。

随着工业化和信息化的快速推进，我国工业机器人市场已进入高速发展时期。国际机器人联合会（IFR）统计显示，截至2016年，中国已成为全球最大的工业机器人市场。未来几年，中国工业机器人市场仍将保持高速的增长态势。然而，现阶段我国机器人技术人才匮乏，与巨大的市场需求严重不协调。《中国制造2025》强调要健全、完善中国制造业人才培养体系，为推动中国制造业从大国向强国转变提供人才保障。从国家战略层面而言，推进智能制造的产业化发展，工业机器人技术人才的培养首当其冲。

目前，结合《中国制造2025》的全面实施和国家职业教育改革，许多应用型本科、职业院校和技工院校纷纷开设工业机器人相关专业，但其作为一门专业知识面很广的实用型学科，普遍存在师资力量缺乏、配套教材资源不完善、工业机器人实训装备不系统、技能考核体系不完善等问题，导致无法培养出企业需要的专业机器人技术人才，严重制约了我国机器人技术的推广和智能制造业的发展。江苏哈工海渡工业机器人有限公司依托哈尔滨工业大学在机器人方向的研究实力，顺应形势需要，产、学、研、用相结合，组织企业专家和一线科研人员开展了一系列企业调研，面向企业需求，联合高校教师共同编写了"工业机器人技术专业'十三五'规划教材"系列图书。

该系列图书具有以下特点：

（1）循序渐进，系统性强。该系列图书从工业机器人的入门实用、技术基础、实训指导，到工业机器人的编程与高级应用，由浅入深，有助于系统学习工业机器人技术。

（2）配套资源，丰富多样。该系列图书配有相应的电子课件、视频等教学资源，以及配套的工业机器人教学装备，构建了立体化的工业机器人教学体系。

（3）通俗易懂，实用性强。该系列图书言简意赅，图文并茂，既可用于应用型本科、职业院校和技工院校的工业机器人应用型人才培养，也可供从事工业机器人操作、编程、运行、维护与管理等工作的技术人员参考学习。

（4）覆盖面广，应用广泛。该系列图书介绍了国内外主流品牌机器人的编程、应用等相关内容，顺应国内机器人产业人才发展需要，符合制造业人才发展规划。

"工业机器人技术专业'十三五'规划教材"系列图书结合实际应用，教、学、用有机结合，有助于读者系统学习工业机器人技术和强化、提高实践能力。本系列图书的出版发行，必将提高我国工业机器人专业的教学效果，全面促进"中国制造2025"国家战略下我国工业机器人技术人才的培养和发展，大力推进我国智能制造产业变革。

中国工程院院士　蔡鹤皋

2017 年 6 月于哈尔滨工业大学

序　二

自出现至今短短几十年中，机器人技术的发展取得了长足进步，伴随着产业变革的兴起和全球工业竞争格局的全面重塑，机器人产业发展越来越受到世界各国的高度关注，各主要经济体纷纷将发展机器人产业上升为国家战略，提出"以先进制造业为重点战略，以'机器人'为核心发展方向"，并将此作为保持和重获制造业竞争优势的重要手段。

作为人类在利用机械进行社会生产史上的一个重要里程碑，工业机器人是目前技术发展最成熟且应用最广泛的一类机器人。工业机器人现已广泛应用于汽车及零部件制造，电子、机械加工，模具生产等行业以实现自动化生产线，并参与焊接、装配、搬运、打磨、抛光、注塑等生产制造过程。工业机器人的应用，既保证了产品质量，提高了生产效率，又避免了大量工伤事故，有效推动了企业和社会生产力发展。作为先进制造业的关键支撑装备，工业机器人影响着人类生活和经济发展的方方面面，已成为衡量一个国家科技创新和高端制造业水平的重要标志。

伴随着工业大国相继提出机器人产业政策，如德国的"工业4.0"、美国的"先进制造伙伴计划"与"中国制造2025"等国家政策，工业机器人产业迎来了快速发展态势。当前，随着劳动力成本上涨、人口红利逐渐消失，生产方式向柔性化、智能化、精细化方向转变，中国制造业转型升级迫在眉睫。全球新一轮科技革命和产业变革与中国制造业转型升级形成历史性交汇，中国已经成为全球最大的机器人市场。大力发展工业机器人产业，对于打造我国制造业新优势、推动工业转型升级、加快制造强国建设、改善人民生活水平具有深远意义。

我国工业机器人产业迎来爆发性的发展机遇，然而，现阶段我国工业机器人领域人才储备数量严重不足。对企业而言，从工业机器人的基础操作维护人员到高端技术人才普遍存在巨大缺口，缺乏经过系统培训且能熟练、安全应用工业机器人的专业人才。现代工业是立国的基础，需要有与时俱进的职业教育和人才培养配套资源。

"工业机器人技术专业'十三五'规划教材"系列图书由江苏哈工海渡工业机器人有限公司联合众多高校和企业共同编写完成。该系列图书依托于哈尔滨工业大学的先进机器人研究技术，综合企业实际用人需求，充分贯彻了现代应用型人才培养"淡化理论，技能培养，重在运用"的指导思想。该系列图书既可作为应用型本科、中高职院校工业机器人技术或机器人工程专业的教材，也可作为机电一体化、自动化专业开设工业机器人相关课程的教学用书。该系列图书涵盖了国际主流品牌和国内主要品牌机器人的入门实用、实训指导、技术基础、高级编程等系列教材，注重循序渐进与系统学习，强化学生的工业机器人专业技术能力和实践操作能力。

　　该系列教材"立足工业，面向教育"，填补了我国在工业机器人基础应用及高级应用系列教材中的空白，有助于推进我国工业机器人技术人才的培养和发展，助力中国智造。

中国科学院院士　韩杰才

2017 年 6 月

前　言

　　机器人是先进制造业的重要支撑装备，也是未来智能制造业的关键切入点，工业机器人作为机器人家族中的重要一员，是目前技术最成熟、应用最广泛的一类机器人。作为衡量科技创新和高端制造发展水平的重要标志，工业机器人的研发和产业化应用被很多发达国家作为抢占未来制造业市场、提升竞争力的重要途径。在汽车工业、电子电器行业、工程机械等众多行业大量使用工业机器人自动化生产线，在保证产品质量的同时，改善了工作环境，提高了社会生产效率，有力推动了企业和社会生产力的发展。

　　当前，随着我国劳动力成本上涨，人口红利逐渐消失，生产方式向柔性、智能、精细转变，构建新型智能制造体系迫在眉睫，对工业机器人的需求呈现大幅增长。大力发展工业机器人产业，对于打造我国制造业新优势，推动工业转型升级，加快制造强国建设，改善人民生活水平具有深远意义。《中国制造2025》将机器人作为重点发展领域的总体部署，机器人产业已经上升到国家战略层面。

　　在全球范围内的制造产业战略转型期，我国工业机器人产业迎来爆发性的发展机遇，然而，现阶段我国工业机器人领域人才供需失衡，缺乏经系统培训的具能熟练、安全使用和维护工业机器人的专业人才。国务院《关于推行终身职业技能培训制度的意见》指出：职业教育要适应产业转型升级需要，着力加强高技能人才培养；全面提升职业技能培训基础能力，加强职业技能培训教学资源建设和基础平台建设。2019年4月，人力资源社会保障部、市场监管总局、统计局正式发布工业机器人领域的2个新职业：工业机器人系统操作员和工业机器人系统运维员。针对这一现状，为了更好地推广工业机器人技术的应用和满足工业机器人新职业人才的需求，亟需编写一本系统、全面的工业机器人入门实用教材。

　　本书主要介绍工业机器人技术的基本共性知识，结合国际工业机器人四大家族ABB、KUKA、YASKAWA和FANUC机器人，介绍了工业生产中的常用主流机型，并结合新型机器人，介绍了工业机器人近年来呈现的新技术、新趋势。本书依据学习者的认知规律，侧重工业机器人的技术要点，通过相关典型实例讲解，使读者快速掌握工业机器人的基本操作和行业应用，实现理论和实践的有机结合。本书可作为高校机电一体化、电气自动化及机器人技术等相关专业的教材，也可作为工业机器人培训机构的培训教材，并可供从事相关行业的技术人员参考使用。

　　机器人技术专业具有知识面广，实操性强等显著特点。为了提高教学效果，在教学方法上，建议采用启发式教学，开放性学习，重视实操演练、小组讨论；在学习过程中，建议结合本书配套的教学辅助资源，如：工业机器人仿真软件、机器人实训台、教学课件及视频素材、教学参考与拓展资料等。以上资源可通过书末所附"教学资源获取单"咨询获取。

　　本书由哈工海渡培训职业学校张明文任主编，王伟和宁金任副主编，参加编写的还有王璐欢和顾三鸿等，由霍学会和于振中主审。全书由王伟和宁金统稿，具体编写分工如下：王伟编写第1、10章，宁金编写第2、7章，王璐欢编写第8、9章，顾三鸿编写第3～6章。本书编写过程中，得到了哈工大机器人集团、江苏哈工海渡教育科技集团有限公司、上海ABB工程有限公司、库卡机器人（上海）有限公司、安川首钢机器人有限公司上海分公司、上海发那科机器人有限公司和川崎机器人（天津）有限公司等单位的有关领导、工程技术人员及哈尔滨工业大学相关教师的鼎力支持与帮助，在此表示衷心的感谢！

　　由于编者水平有限，书中难免存在不足，敬请读者批评指正。任何意见和建议可反馈至E-mail:edubot_zhang@126.com。

编　者

2019年9月

目　录

第1章　工业机器人概述

机器人是典型的机电一体化装置，它涉及机械、电气、控制、检测、通信和计算机等方面的知识。以互联网、新材料和新能源为基础，"数字化智能制造"为核心的新一轮工业革命即将到来，而工业机器人则是"数字化智能制造"的重要载体。

学习目标

1. 初步认识机器人。
2. 掌握工业机器人的定义。
3. 了解工业机器人的发展历程和模式。
4. 熟悉工业机器人的常见分类及其行业应用。
5. 了解工业机器人人才培养的紧迫性与重要性。

●机器人的认知及工业机器人定义和特点

1.1　机器人的认知

多数人对于"机器人"的初步认知来源于科幻电影，如图1.1所示。

(a) 变形金刚擎天柱

(b) 终结者T-800

(c) 钢铁侠

图1.1　科幻电影中的机器人

但在科学界中，"机器人"是广义概念，实际上大多数机器人都不具有基本的人类形态。

1.1.1　机器人术语的来历

"机器人（Robot）"这一术语来源于一个科幻形象，首次出现在1920年捷克剧作家、科幻文学家、童话寓言家卡雷尔•凯培克发表的科幻剧《罗萨姆的万能机器人》中，"Robot"就是从捷克文"Robota"衍生而来的。

1.1.2　机器人三原则

人类制造机器人主要是为了让它们代替人做一些有危险、难以胜任或不宜长期进行的工作。

为了发展机器人，避免人类受到伤害，美国科幻作家阿西莫夫在1940年发表的小说《我是机器人》中首次提出了"**机器人三原则**"。

➤ **第一原则**

机器人必须不能伤害人类，也不允许见到人类将要受伤害而袖手旁观。

➤ **第二原则**

机器人必须完全服从人类的命令，但不能违反第一原则。

➤ **第三原则**

机器人应保护自身的安全，但不能违反第一和第二原则。

在后来的小说中，阿西莫夫补充了第零原则。

➤ **第零原则**

机器人不得伤害人类的整体利益，或通过不采取行动，让人类利益受到伤害。

这四条原则被广泛用于定义现实和科幻中的机器人准则。

1.1.3　机器人的分类和应用

目前，机器人的应用比较广泛，国际上按照应用环境将机器人分为2类：工业机器人和服务机器人。

1. **工业机器人**

工业机器人是在工业生产中使用的机器人的总称，主要用于完成工业生产中的某些作业。

工业机器人的种类较多，常用的有：搬运机器人、焊接机器人、喷涂机器人、装配机器人和码垛机器人等。

2. **服务机器人**

服务机器人是除工业自动化应用外，能为人类或设备完成有用任务的机器人，如图1.2所示。

服务机器人可进一步分为3类：特种机器人、公共服务机器人、个人/家用服务机器人。

➤ **特种机器人**　特种机器人是指由具有专业知识人士操控的、面向国家、特种任务的服务机器人，包括国防/军事机器人、搜救救援机器人、医用机器人、水下作业机器人、空间探测机器人、农场作业机器人、排爆机器人、管道检测机器人、消防机器人等。

➤ **公共服务机器人**　公共服务机器人是指面向公众或商业任务的服务机器人，包括迎宾机器人、餐厅服务机器人、酒店服务机器人、银行服务机器人、场馆服务机器人等。

➢ **个人/家用服务机器人**　个人/家用服务机器人是指在家庭以及类似环境中由非专业人士使用的服务机器人，包括家政、教育娱乐、养老助残、家务机器人、个人运输、安防监控等类型的机器人。

1.2　工业机器人的定义和特点

工业机器人虽然是技术上最成熟、应用最广泛的机器人，但对其具体的定义，科学界尚未统一，目前公认的是国际标准化组织（ISO）的定义。

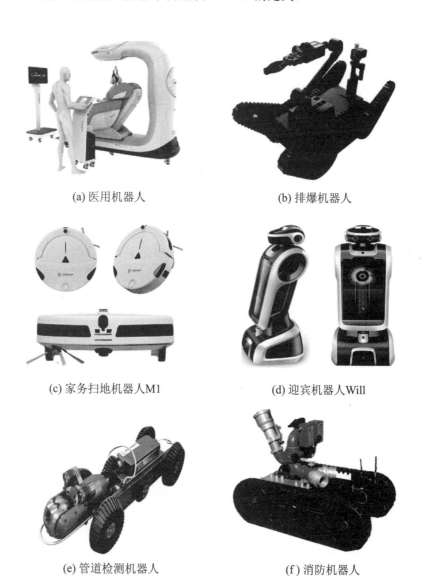

(a) 医用机器人　　　　　　　　　　(b) 排爆机器人

(c) 家务扫地机器人M1　　　　　　　(d) 迎宾机器人Will

(e) 管道检测机器人　　　　　　　　(f) 消防机器人

图1.2　服务机器人

国际标准化组织（ISO）的定义为："工业机器人是一种能自动控制、可重复编程、多功能、多自由度的操作机，能够搬运材料、工件或者操持工具来完成各种作业。"

而我国国家标准将工业机器人定义为："自动控制的、可重复编程、多用途的操作机，并可对三个或三个以上的轴进行编程。它可以是固定式或移动式。在工业自动化中使用。"

工业机器人最显著的特点有：

➤ **拟人化**　在机械结构上类似于人的手臂或者其他组织结构。

➤ **通用性**　可执行不同的作业任务，动作程序可按需求改变。

➤ **独立性**　完整的机器人系统在工作中可以不依赖于人的干预。

➤ **智能性**　具有不同程度的智能功能，如感知系统等提高了工业机器人对周围环境的自适应能力。

1.3　工业机器人发展概况

1.3.1　国外发展概况

●工业机器人
发展概况

➤ **美国**

1954年，美国乔治·德沃尔制造出世界上第一台可编程的机器人，最早提出了工业机器人的概念，并申请了专利。

1959年，德沃尔与美国发明家约瑟夫·英格伯格联手制造出第一台工业机器人——Unimate，如图1.3所示。随后，成立了世界上第一家机器人制造工厂——Unimation公司。

1962年，美国AMF公司生产出Versatran工业机器人。

1965年，约翰·霍普金斯大学应用物理实验室研制出Beast机器人。Beast机器人已经能通过声呐系统、光电管等装置，根据环境校正自己的位置。

1978年，美国Unimation公司推出通用工业机器人PUMA，如图1.4所示，这标志着工业机器人技术已经完全成熟。

图1.3　Unimate机器人　　　　　　　图1.4　PUMA-560机器人

➢ **日本**

1967年，日本川崎重工业公司首先从美国引进机器人及技术，建立生产厂房，并于1968年试制出第一台日本产Unimate机器人。经过短暂的摇篮阶段，日本的工业机器人很快进入实用阶段，并从汽车业逐步扩大到其他制造业及非制造业。

1980年，被称为日本的"机器人普及元年"，日本开始在各个领域推广使用机器人，这大大缓解了市场劳动力严重短缺的社会矛盾。再加上日本政府采取的多方面鼓励政策，这些机器人受到了广大企业的欢迎。

1980~1990年，日本对工业机器人的研究处于鼎盛时期，后来国际市场曾一度转向欧洲和北美，但日本经过短暂的低迷期又恢复了其昔日的辉煌。

➢ **欧洲**

瑞士的ABB公司是世界上最大的机器人制造公司之一。ABB公司1974年研发了世界上第一台全电控式工业机器人IRB6，主要应用于工件的取放和物料搬运。1975年研发了第一台焊接机器人，到1980年兼并Trallfa喷漆机器人公司后，其机器人产品趋于完备。

德国的KUKA公司是世界上几家顶级工业机器人制造商之一。1973年KUKA公司研制开发了第一台工业机器人——Famulus，如今年产量已超过万台，所生产的机器人广泛应用于仪器、汽车、航天、食品、制药、医学、铸造、塑料等工业领域，主要用于材料处理、机床装备、包装、堆垛、焊接和表面修整等。

国际"四大家族"与"四小家族"

国际上较有影响力的、著名的工业机器人公司主要分为欧系和日系两类，具体来说，可分成"四大家族"和"四小家族"两个阵营，见表1.1。

1.3.2　国内发展概况

我国工业机器人起步于20世纪70年代初期，经过40多年的发展，大致经历了3个阶段：70年代的萌芽期，80年代的开发期和90年代及以后的实用化期。

1. 70年代的萌芽期

20世纪70年代，世界上工业机器人应用掀起一个高潮，在这种背景下，我国于1972年开始研制自己的工业机器人。

2. 80年代的开发期

进入20世纪80年代后，随着改革开放的不断深入，我国机器人技术的开发与研究得到了政府的重视与支持。"七五"期间，国家投入资金，对工业机器人及其零部件进行攻关。

1985年，哈工大蔡鹤皋院士主持研制出了我国第一台弧焊机器人——"华宇I型"（HY-I型），如图1.5所示，解决了机器人轨迹控制精度及路径预测控制等关键技术。焊接的控制技术在国内外是创新的，微机控制的焊接电源同机器人联机和示教再现功

表1.1　工业机器人阵营

阵营	企业	国家	标识	阵营	企业	国家	标识
四大家族	ABB	瑞士	ABB	其他	三菱	日本	MITSUBISHI ELECTRIC
	库卡	德国	KUKA		爱普生	日本	EPSON
	安川	日本	YASKAWA		雅马哈	日本	YAMAHA
	发那科	日本	FANUC		欧姆龙	日本	OMRON
四小家族	松下	日本	Panasonic		现代	韩国	HYUNDAI
	欧地希	日本	OTC		柯马	意大利	COMAU
	那智不二越	日本	NACHI		史陶比尔	瑞士	STÄUBLI
	川崎	日本	Kawasaki		优傲	丹麦	UNIVERSAL ROBOTS

能为国内首次应用；重复定位精度、动作范围、焊接参数数据控制精度、负载等主要技术指标接近或达到了国际同类产品水平。同年底，我国第一台重达2 000 kg的水下机器人"海人一号"在辽宁旅顺港下潜60 m，首潜成功，开创了机器人研制的新纪元。

1986年，国家高技术研究发展计划（863计划）开始实施，取得了一大批

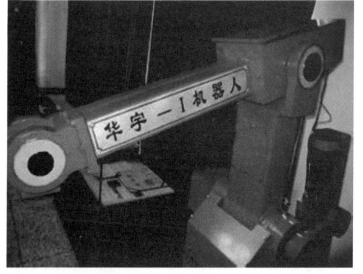

图1.5　哈工大制造的国内第一台弧焊机器人——"华宇Ⅰ型"

科研成果，成功地研制出了一批特种机器人。

3.90年代及以后的实用化期

从20世纪90年代初期起，中国的经济掀起了新一轮的经济体制改革和技术进步热潮，我国的工业机器人又在实践中迈进一大步，先后研制出了点焊、弧焊、装配、喷

漆、切割、搬运、包装码垛等各种用途的工业机器人，并实施了一批机器人应用工程，形成了一批机器人产业化基地，为我国机器人产业的腾飞奠定了基础。

1995年5月，上海交通大学成功研制出我国第一台高性能精密装配智能型机器人——"精密一号"，它的诞生标志着我国已具有开发第二代工业机器人的技术水平。

国内厂商

我国的工业机器人厂商有沈阳新松机器人自动化股份有限公司、安徽埃夫特智能装备有限公司、南京埃斯顿自动化股份有限公司、广州数控设备有限公司、哈工大机器人集团、珞石（北京）科技有限公司、台达集团、深圳市汇川技术股份有限公司、配天机器人技术有限公司、遨博（北京）智能科技有限公司等，见表1.2。

表1.2　国内工业机器人厂商

企业	标识	企业	标识
沈阳新松机器人自动化股份有限公司	SIASUN	哈工大机器人集团	HRG
安徽埃夫特智能装备有限公司	EFORT	珞石（北京）科技有限公司	ROKAE
南京埃斯顿自动化股份有限公司	ESTUN	台达集团	DELTA
广州数控设备有限公司	广州数控 GSK	深圳市汇川技术股份有限公司	INOVANCE
配天机器人技术有限公司	a2	遨博（北京）智能科技有限公司	AUBO

1.3.3　发展模式

世界各国在发展工业机器人产业上各有不同，可归纳为3种不同的发展模式，即**日本模式、欧洲模式和美国模式**。

➤ **日本模式**

日本模式的特点是：**各司其职，分层面完成交钥匙工程**。即机器人制造厂商以开发新型机器人和批量生产优质产品为主要目标，并由其子公司或社会上的工程公司来设计制造各行业所需要的机器人成套系统，并完成交钥匙工程。

➤ **欧洲模式**

欧洲模式的特点是：**一揽子交钥匙工程**。即机器人的生产和用户所需要的系统设计制造全部由机器人制造厂商自己完成。

➤ **美国模式**

美国模式的特点是：**采购与成套设计相结合**。美国国内基本上不生产普通的工业机器人，企业需要机器人通常由工程公司进口，再自行设计、制造配套的外围设备，完成交钥匙工程。

📖 中国模式的走向

中国的机器人产业应走什么道路、如何建立自己的发展模式确实值得探讨。专家们建议我国应从"美国模式"着手，在条件成熟后逐步向"日本模式"靠近。

1.3.4　发展趋势

工业机器人领域的发展趋势主要有：**结构的模块化和可重构化、控制技术的开放化、多传感器融合技术的实用化、伺服驱动技术的数字化和人机协作**。

▷ 结构的模块化和可重构化

机械结构向模块化、可重构化发展。例如关节模块中的伺服电机、减速器、检测系统三位一体化，将关节模块、连杆模块用重组方式构造机器人整机。国外已有模块化装配机器人产品问市。

▷ 控制技术的开放化

工业机器人控制系统向基于PC机的开放型控制器方向发展，便于标准化、网络化；器件集成度提高，控制器日见小巧，且采用模块化结构，大大提高了系统的可靠性、易操作性和可维修性。

▷ 多传感器融合技术的实用化

工业机器人中传感器的作用日益重要，除采用传统的位置、速度、加速度等传感器外，装配、焊接机器人还应用了视觉、力觉等传感器。视觉、声觉、力觉、触觉等多传感器的融合配置技术在产品化系统中已有成熟应用。

▷ 伺服驱动技术的数字化

伺服系统中数字控制技术取代模拟控制电路在是一种必然趋势。以模拟电子器件为主的伺服控制单元将会被采用全数字处理器的伺服控制单元全面取代。在伺服控制方面将逐步转变为软件控制，以便在伺服系统中应用现代先进的控制方法。数字化控制相比传统控制方法，在响应速度和运动精度等方面均得到了全面提升。

▷ 人机协作

近年来工业机器人在人机协作方面取得了突破性进展，工业机器人更加柔性化，采用引导式编程，降低对系统集成技术人才的要求，便于自动化生产线改造。

1.4　工业机器人的分类及应用

1.4.1　工业机器人的分类

工业机器人分类方法有很多，常见的有 ：**按结构运动形式分类、按运动控制方式分类、按程序输入方式分类和按发展程度分类**。

● 工业机器人
分类及应用

1. 按结构运动形式分类

（1）直角坐标机器人。

直角坐标机器人在空间上具有多个相互垂直的移动轴，常用的是3个轴，即x轴、y轴、z轴，如图1.6所示，其末端的空间位置是通过沿x轴、y轴、z轴来回移动形成的，是一个**长方体**，因此，这类机器人又称为笛卡尔坐标机器人。

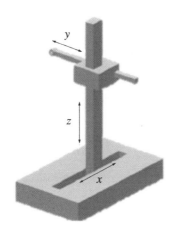 

(a) 示意图　　　　　　　　　　　(b) 哈工海渡-直角坐标机器人

图1.6　直角坐标机器人

（2）柱面坐标机器人。

柱面坐标机器人的运动空间位置是由基座回转、水平移动和竖直移动形成的，其作业空间呈**圆柱体**，如图1.7所示。

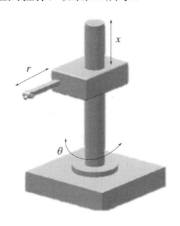 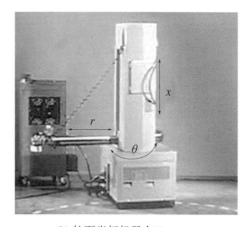

(a) 示意图　　　　　　　　　　　(b) 柱面坐标机器人Versatran

图1.7　柱面坐标机器人

（3）球面坐标机器人。

球面坐标机器人的空间位置机构主要由回转基座、摆动轴和平移轴构成，具有2个转动自由度和1个移动自由度，其作业空间是**球面的一部分**，如图1.8所示。

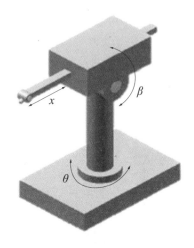
(a) 示意图

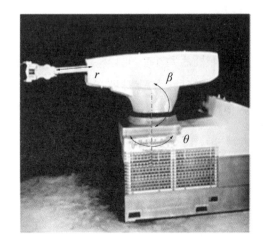
(b) 球面坐标机器人Unimate

图1.8　球面坐标机器人

（4）多关节型机器人。

多关节型机器人由多个回转和摆动（或移动）机构组成。**按旋转方向可分为水平多关节机器人和垂直多关节机器人。**

➤ **水平多关节机器人**

水平多关节机器人是由多个竖直回转机构构成的，没有摆动或平移，手臂均在水平面内转动，其作业空间为圆柱体，如图1.9所示。

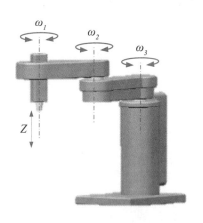
(a) 示意图

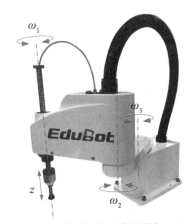
(b) 哈工海渡-水平多关节机器人

图1.9　水平多关节机器人

➤ **垂直多关节机器人**

垂直多关节机器人是由多个摆动和回转机构组成的，其作业空间**近似一个球体**，如图1.10所示。

（5）并联型机器人。

　　并联型机器人的基座和末端执行器之间通过至少两个独立的运动链相连接，机构具有两个或两个以上自由度，且是一种以并联方式驱动的闭环机构。工业应用最广泛的并联机器人是DELTA并联机器人，如图1.11所示。

　　相对于并联机器人而言，只有一条运动链的机器人称为串联机器人。

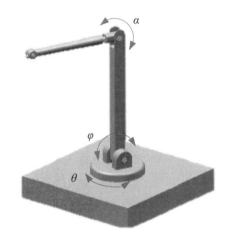

(a) 示意图

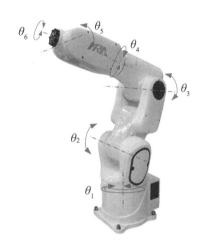

(b) 哈工大机器人集团-HR3机器人

图1.10　垂直多关节机器人

(a) 示意图

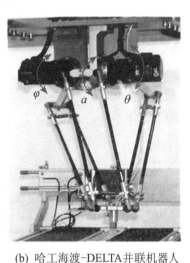

(b) 哈工海渡-DELTA并联机器人

图1.11　DELTA并联机器人

2. 按运动控制方式分类

（1）非伺服机器人。

　　非伺服机器人按照预先编好的程序顺序进行工作，使用限位开关、制动器、插销板和定序器等来控制机器人的运动。

　　当机器人移动到由限位开关所规定的位置时，限位开关切换工作状态，给定序器送去一个工作任务已经完成的信号，并使终端制动器动作，切断驱动能源，使机器人停止运动。非伺服机器人工作能力比较有限。

（2）伺服控制机器人。

伺服控制系统是使物体的位置、方位、状态等输出被控量能够跟随输入目标（或给定值）任意变化的自动控制系统。

伺服控制系统的主要任务是按控制命令的要求，对功率进行放大、变换与调控等处理，使驱动装置输出的力矩、速度和位置都能得到灵活方便的控制。伺服控制系统是具有反馈的闭环自动控制系统，其结构组成与其他形式的反馈控制系统没有原则上的区别。

伺服控制机器人通过传感器取得的反馈信号与来自给定装置的综合信号比较后得到误差信号，经过放大后用以激发机器人的驱动装置，进而带动机械臂以一定规律运动。

伺服控制机器人按照**控制的空间位置**的不同，又分为**点位型机器人**和**连续轨迹型机器人**。

➤ **点位型机器人**

只控制执行机构由一点到另一点的准确定位，不对点与点之间的运动过程做控制，适用于机床上下料、点焊和一般搬运、装卸等作业。

➤ **连续轨迹型机器人**

可控制执行机构按给定轨迹运动，适用于连续焊接和涂装等作业。

3. 按程序输入方式分类

（1）编程输入型机器人。

可将计算机上已编好的作业程序文件，通过RS 232串口或者以太网等通信方式传送到机器人控制器。

（2）示教输入型机器人。

示教方法一般有两种：**在线示教**和**拖动示教**。

➤ **在线示教**

由操作者利用示教器将指令信号传给驱动系统，使执行机构按要求的动作顺序和运动轨迹操演一遍。

➤ **拖动示教**

由操作者直接拖动执行机构，按要求的动作顺序和运动轨迹操演一遍。

在示教过程的同时，工作程序的信息将自动存入程序存储器中，在机器人自动工作时，控制系统从程序存储器中检出相应信息，将指令信号传给驱动机构，使执行机构再现示教各种动作。示教输入程序的工业机器人称为示教再现工业机器人。

4. 按发展程度分类

（1）第一代机器人。

第一代机器人主要指只能以示教再现方式工作的工业机器人，称为示教再现机器人。示教内容为机器人操作结构的空间轨迹、作业条件、作业顺序等。目前在工业现场应用的机器人大多属于第一代。

（2）第二代机器人。

第二代机器人是**感知机器人**，带有一些可感知环境的装置，通过反馈控制，使机器人能在一定程度上适应变化的环境。

（3）第三代机器人。

第三代机器人是**智能机器人**，它具有多种感知功能，可进行复杂的逻辑推理、判断及决策，可在作业环境中独立行动；它具有发现问题且能自主解决问题的能力。

智能机器人至少要具备以下3个要素：

① 感觉要素。感觉要素包括能够感知视觉和距离等非接触型传感器和能感知力、压觉、触觉等接触型传感器，用来认知周围的环境状态。

② 运动要素。机器人需要对外界做出反应性动作。智能机器人通常需要有一些无轨道的移动机构，以适应平地、台阶、墙壁、楼梯和坡道等不同的地理环境，并且在运动过程中要对移动机构进行实时控制。

③ 思考要素。根据感觉要素所得到的信息，思考采用什么样的动作，包括判断、逻辑分析、理解和决策等。

其中，思考要素是智能机器人的关键要素，也是人们要赋予智能机器人必备的要素。

1.4.2　工业机器人的应用

工业机器人可以替代相关人员从事危险、有害、有毒、低温和高热等恶劣环境中的工作；还可以替代相关人员完成繁重、单调的重复劳动，提高劳动生产率，保证产品质量。工业机器人与数控加工中心、自动引导车及自动检测系统可组成柔性制造系统（FMS）和计算机集成制造系统（CIMS），实现生产自动化。

1. 恶劣工作环境及危险工作

（1）热锻。

高温热锻属于不安全因素很多的作业，车间工作环境恶劣，温度高，噪声大，用工业机器人进行操作是最适宜的，如图1.12所示。

（2）压铸。

压铸车间操作人员在高温、粉尘、重体力环境下生产，条件恶劣，需要工业机器人代替人来完成浇注、上下料等工作，如图1.13所示。

图1.12　热锻车间中的机器人

图1.13　压铸车间中的机器人

2. 自动化生产领域

当今世界近50%的工业机器人集中使用在汽车领域，常用于搬运、焊接、喷涂、装配、码垛、涂胶、雕刻和检测等复杂作业。

（1）搬运。

搬运作业是指用一种设备握持工件，从一个加工位置移动到另一个加工位置。

搬运机器人可安装不同的末端执行器（如机械手爪、真空吸盘等）以完成各种不同形状和状态的工件搬运，大大减轻了人类繁重的体力劳动。通过编程控制，还可以配合各个工序的不同设备实现流水线作业。

搬运机器人广泛应用于机床上下料、自动装配流水线、码垛搬运、集装箱等自动搬运场合，如图1.14所示。

（2）焊接。

目前在工业应用领域应用得最多的是焊接机器人，如工程机械、汽车制造、电力建设等行业，焊接机器人能在恶劣的环境下连续工作并能提供稳定的焊接质量，提高工作效率，减轻工人的劳动强度。采用机器人焊接是焊接自动化的革命性进步，突破了焊接专机的传统方式，如图1.15所示。

图1.14　搬运机器人

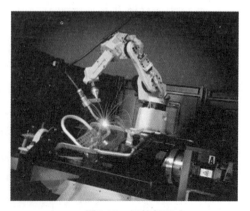
图1.15　焊接机器人

（3）喷涂。

喷涂机器人适用于生产量大、产品型号多、表面形状不规则的工件外表面涂装，广泛应用于汽车、汽车零配件、铁路、家电、建材和机械等行业，如图1.16所示。

（4）装配。

装配是一个比较复杂的作业过程，不仅要检测装配过程中的误差，而且要试图纠正这种误差。装配机器人是柔性自动化系统的核心设备，末端执行器种类多可适应不同的装配对象；传感系统用于获取装配机器人与环境和装配对象之间相互作用的信息。装配机器人主要应用于各种电器的制造业及流水线产品的组装作业，具有高效、精确、持续工作的特点，如图1.17所示。

码垛机器人是机电一体化高新技术产品，如图1.18所示，它可满足中低产量的生产需要，也可按照要求的编组方式和层数，完成对料袋、箱体等各种产品的码垛。

图1.16　喷涂机器人　　　　　　　　　　图1.17　装配机器人

（5）码垛。

使用码垛机器人能提高企业的生产效率和产量，同时减少人工搬运造成的错误；还可以全天候作业，节约大量人力资源成本。码垛机器人广泛应用于化工、饮料、食品、啤酒、塑料等生产企业。

（6）涂胶。

涂胶机器人一般由机器人本体和专用涂胶设备组成，如图1.19所示。

涂胶机器人既能独立实行半自动涂胶，又能配合专用生产线实现全自动涂胶。它具有设备柔性高、做工精细、质量好、适用能力强等特点，可以完成复杂的三维立体空间的涂胶工作。工作台可安装激光传感器进行精密定位，提高产品生产质量，同时使用光栅传感器确保工人生产安全。

（7）雕刻。

激光雕刻机器人是加工机器人中常用的一种，可实现复杂的自动化雕刻加工。它将激光以极高的能量密度聚集在被雕刻的物体表面，使其表层的物质发生瞬间的熔化和汽化的物理变化，以达到加工的目的。

图1.18　码垛机器人　　　　　　　　　　图1.19　涂胶机器人

激光雕刻的加工材质分为非金属材料和金属材料。激光雕刻机器人广泛应用于非金属模具加工、铸造工业品加工、卫浴产品模型加工等，具有高效、快速等特点，如图1.20所示。

（8）检测。

零件制造过程中的检测及成品检测都是保证产品质量的关键工序，使用检测机器人可以提高工作效率，降低人工检测出错率，如图1.21所示。

检测主要有两个工作内容：一个是零件尺寸是否在允许的公差内；另一个是控制零件按质量分类。

图1.20　激光雕刻机器人　　　　　　　　图1.21　检测机器人

1.5　工业机器人的人才培养

《机器人产业发展规划（2016—2020年）》在"十三五"期间为我国机器人产业发展描绘出了清晰的蓝图。到2020年，我国工业机器人年产量将达到10万台，六轴及以上机器人达到5万台以上；服务机器人年销售收入超过300亿元；培育3家以上的龙头企业，打造5个以上机器人配套产业集群；工业机器人平均无故障时间达到8万小时。

机器人的需求正盛，而机器人相关的人才却稀缺。与整个市场需求相比，人才培养处于严重滞后的状态。工业机器人生产线的日常维护、修理、调试操作等方面都需要专业人才来处理，目前中小型企业最缺的是能进行先进机器人操作、维修的技术人员。

目前，在实际行业应用中，工业机器人领域的职业岗位有4种：工业机器人系统操作员、工业机器人系统运维员、工业机器人操作调整工和工业机器人装调维修工。

1.工业机器人系统操作员

工业机器人系统操作员是指使用示教器、操作面板等人机交互设备及相关机械工具对工业机器人、工业机器人工作站或系统进行装配、编程、调试、工艺参数更改、工装夹具更换及其他辅助作业的人员。

其主要工作任务：

(1) 按照工艺指导文件等相关的要求完成作业准备。

(2) 按照装配图、电气图、工艺文件等相关文件的要求，使用工具、仪器等进行工业机器人工作站或系统装配。

(3) 使用示教器、计算机、组态软件等相关软硬件工具对工业机器人、可编程逻辑控制器、人机交互界面、电机等设备和视觉、位置等传感器进行程序编制、单元功能调试和生产联调。

(4) 使用示教器、操作面板等人机交互设备进行生产过程的参数设定与修改、菜单功能的选择与配置、程序的选择与切换。

(5) 进行工业机器人系统工装夹具等装置的检查、确认、更换与复位。

(6) 观察工业机器人工作站或系统的状态变化并做相应操作，遇到异常情况执行急停操作等。

(7) 填写设备装调、操作等记录。

2.工业机器人系统运维员

工业机器人系统运维员是指使用工具、量具、检测仪器及设备，对工业机器人、工业机器人工作站或系统进行数据采集、状态监测、故障分析与诊断、维修及预防性维护与保养作业的人员。

其主要工作任务：

(1) 对工业机器人本体、末端执行器、周边装置等机械系统进行常规性检查、诊断。

(2) 对工业机器人电控系统、驱动系统、电源及线路等电气系统进行常规性检查、诊断。

（3）根据维护保养手册，对工业机器人、工业机器人工作站或系统进行零位校准、防尘、更换电池、更换润滑油等维护保养。

（4）使用测量设备采集工业机器人、工业机器人工作站或系统运行参数、工作状态等数据，进行监测。

（5）对工业机器人工作站或系统的故障进行分析、诊断与维修。

（6）编制工业机器人系统运行维护、维修报告。

3.工业机器人操作调整工

工业机器人操作调整工是指从事工业机器人系统及工业机器人生产线的现场安装、编程、操作与控制、调试与维护的人员。

其职业技能包括：

（1）调整工具的使用，能够识读工装夹具的装配图。

（2）机器人示教调试、离线编程应用。

（3）关节机器人操作与调整，及其周边自动化设备的应用。

（4）实现机器人工作站喷涂、打磨、码垛、焊接等工艺调整与应用。

（5）AGV导航应用、控制、操作与调整。

（6）机器视觉与机器人通信，及其标定、编程与调试应用。

（7）机器人系统应用方案制定与集成，生产线运行质量保证和生产优化。

（8）理论与技能培训，以及现场物料、设备、人员、技术管理和指定保养方案。

（9）机器人系统日常保养和周边设备保养。

4.工业机器人装调维修工

工业机器人装调维修工是指从事工业机器人系统及工业机器人生产线的装配、调试、维修、标定、校准等工作的人员。

其职业技能包括：

（1）根据机械装配图，完成机械零部件、机器人或工作站系统部件等机械装置检验与装配。

（2）根据机器人电气装配图，完成机器人或工作站电气组成部件检验与装配。

（3）完成机器人整机调试，包括安装质量检查、性能调试等。

（4）能够完成系统校准，进行校准补偿、参数与位置修正、环境识别、异常判断与分析、故障处理等。

（5）能够完成系统标定，进行坐标系对准、测量采样、性能评价、机器人位姿与轨迹规划、采样数据统计与分析、异常应对等。

（6）进行机器人机械与电气功能部件、控制系统、外围设置等维修，完成系统常见故障处理与日常保养，以及机器人技术改进与智能机器人维修等。

（7）按照要求完成机器人培训，能够撰写培训方案、讲义等。

（8）实现机器人项目管理，进行质量控制和机器人集成应用系统改进，并进行技术总结。

以上4种工业机器人职业岗位是企业急需的人才，按照职业规划，均有中级、高级、技师和高级技师4个职业技能等级。

📖 本章小结

工业机器人是技术上最成熟、应用最广泛的机器人，是一种能自动控制、可重复编程的多功能操作机。它具有多个自由度，能够搬运物品和握持不同工具，以完成各种不同任务。

工业机器人可以提升产品质量和产品的一致性，提高企业的生产效率，降低成本，扩大产能，同时改善员工的工作环境，避免危险作业，这使得工业机器人在工业生产中的应用越来越广。工业机器人的广泛应用推动着新兴产业的发展和传统产业的转型。

工业机器人的发展过程可分为3代：

第一代为示教再现型机器人，通过按照预先设定的程序，自主完成规定动作或操作，当前在工业中应用最多；

第二代是感知型机器人，通过感知系统，如触觉、视觉等对外界某些信息进行反馈调整，目前已进入应用阶段；

第三代为智能机器人，尚处于实验研究阶段。

📖 思考题

1．什么是工业机器人？

2．工业机器人国际"四大家族"和"四小家族"是指哪几家企业？

3．按结构运动形式，工业机器人可分为哪几类？

4．什么是伺服控制系统？

5．工业机器人的应用领域有哪些？

第2章　工业机器人的基础知识

目前，工业应用中以第一代工业机器人为主，应用广泛的机器人主要有4种：垂直多关节机器人、水平多关节机器人、直角坐标机器人和DELTA并联机器人。本书围绕这4种机器人，介绍工业机器人相关的共性基础知识和应用分析。

学习目标

1. 了解工业机器人的基本组成。
2. 熟悉工业机器人的基本术语和相关图形符号。
3. 熟悉工业机器人的主要技术参数。
4. 掌握工业机器人的运动原理。

2.1　基本组成

第一代工业机器人主要由3部分组成：操作机、控制器和示教器， 如图2.1所示。

第二代和第三代工业机器人还包括感知系统和分析决策系统，分别由感知类传感器和软件实现。

● 工业机器人基本组成

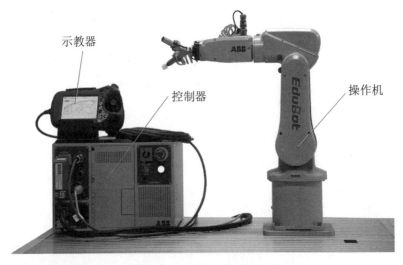

图2.1　工业机器人的基本组成

> **操作机**

操作机又称机器人本体，是工业机器人的机械主体，用来完成规定任务的执行机构，主要由机械臂、驱动装置、传动装置和内部传感器组成。

由于机器人需要实现快速而频繁的启停和精确到位的运动，因此要采用位置传感器、速度传感器等检测单元实现位置、速度和加速度闭环控制。

为了适应工业生产中不同作业和操作要求，工业机器人机械结构系统中最后一个轴的机械接口通常为一个**连接法兰**，可接装不同功能的机械操作装置（即末端执行器），如夹爪、吸盘、焊枪等。

➤ 控制器

控制器用来控制工业机器人按规定要求动作，是机器人的关键和核心部分，它类似于人的大脑，控制着机器人的全部动作，也是机器人系统中更新发展最快的部分。

控制器的任务是根据机器人的作业指令程序及传感器反馈的信号支配执行机构完成规定的运动和功能。

机器人功能的强弱及性能的优劣主要取决于控制器。它通过各种控制电路中硬件和软件的结合来操作机器人，并协调机器人与周边设备的关系。

➤ 示教器

示教器也称示教盒或示教编程器，它通过电缆与控制器连接，可由操作者手持移动。

示教器是工业机器人的人机交互接口，机器人的绝大部分操作均可以通过示教器完成，如点动机器人，编写、测试和运行机器人程序，设定、查阅机器人状态设置和位置等。它拥有自己独立的CPU及存储单元，与控制器之间以TCP/IP等通信方式实现信息交互。

2.2 基本术语

1. 刚体

刚度是指物体在外力作用下抵制变形的能力，用外力和在外力作用方向上的变形量（位移）之比来度量。

在任何力的作用下，体积和形状都不发生改变的物体称为刚体。

● 基本术语
(1)

在物理学上，理想的刚体是一个固体的、尺寸值有限的、形变情况可以被忽略的物体。不论是否受力，在刚体内任意两点的距离都不会改变。在运动中，刚体上任意一条直线在各个时刻的位置都保持平行。

2. 自由度

自由度是指描述物体运动所需要的独立坐标数。

空间直角坐标系又称笛卡尔直角坐标系，它是以空间一点O为原点，建立3条两两相互垂直的数轴，即x轴、y轴和z轴，且3个轴的正方向符合**正交右手定则**，如图2.2所示，即右手大拇指指向z轴正方向，食指指向x轴正方向，中指指向y轴正方向。

在三维空间中描述一个物体的位姿（即位置和姿态）需要6个自由度，如图2.3所示。

➤ 沿空间直角坐标系$O\text{-}xyz$的x、y、z 3个轴的平移运动T_x、T_y、T_z；

➤ 绕空间直角坐标系$O\text{-}xyz$的x、y、z 3个轴的旋转运动R_x、R_y、R_z。

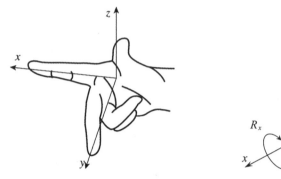
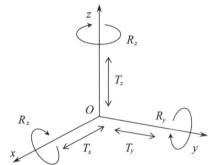

图2.2　正交右手定则　　　　　　　　　图2.3　刚体的6个自由度

3. 关节和连杆

➤ 关节即运动副，是允许工业机器人机械臂各零件之间发生相对运动的机构，是两构件直接接触并能产生相对运动的活动连接。

➤ 连杆指工业机器人机械臂上被相邻两关节分开的部分，是保持各关节间固定关系的刚体，是机械机构中两端分别与主动和从动构件铰接以传递运动和力的杆件。

连杆连接着关节，它的作用是将一种运动形式转变为另一种运动形式。关节与连杆的关系如图2.4所示。

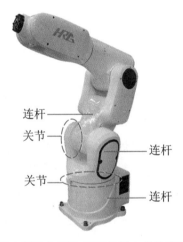

图2.4　哈工大机器人集团-HR3机器人的关节与连杆

（1）关节类型。

4种典型关节为转动关节、移动关节、回转移动关节和球关节，如图2.5所示。工业机器人常用的关节是转动关节和移动关节。

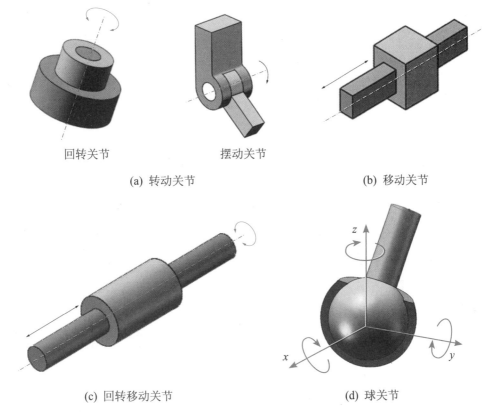

回转关节　　　　　摆动关节

(a) 转动关节　　　　　　　　　　　(b) 移动关节

(c) 回转移动关节　　　　　　　　(d) 球关节

图2.5　关节示意图

按照运动副的接触形式可分成两类：**高副**和**低副**。

高副指的是运动机构的两构件通过点或线的接触而构成的运动副。例如齿轮副和凸轮副属于高副。相对而言，通过面的接触而构成的运动副称为低副。

机构中所有的运动副均为低副，称为**低副机构**；机构中至少有一个运动副是高副，则称为**高副机构**。

①转动关节。

转动关节又称转动副，是使两个杆件的组件中的一件相对于另一件绕固定轴线转动的关节，两个构件之间只做相对转动。

按照**轴线**的方向可分为**回转关节**和**摆动关节**。

➢ **回转关节**

回转关节是指两连杆相对运动的转动轴线与连杆的纵轴线（沿连杆长度方向设置的轴线）共轴的关节，旋转角度可达360°以上，如图2.6 (a) 和图2.7所示。

➢ **摆动关节**

摆动关节是指两连杆相对运动的转动轴线与两连杆的纵轴线垂直的关节，通常受到结构的限制，转动角度小，如图2.6 (b) 和图2.7所示。

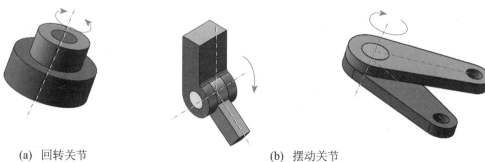

(a) 回转关节　　　　　　　　　　　　(b) 摆动关节

图2.6　转动关节示意图

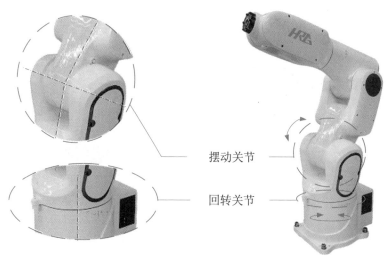

摆动关节

回转关节

图2.7　哈工大机器人集团-HR3机器人的转动关节

②移动关节。

　　移动关节又称移动副、滑动关节，是使两个杆件的组件中的一件相对于另一件做直线运动的关节，两个杆件之间只做相对移动，如图2.8所示。

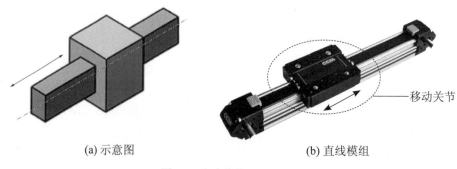

移动关节

(a) 示意图　　　　　　　　　　　　(b) 直线模组

图2.8　移动关节

③回转移动关节。

回转移动关节又称回转移动副、圆柱关节，是使两个杆件的组件中的一件相对于另一件移动和绕一个移动轴线转动的关节，两个杆件之间既做相对移动又做相对转动，如图2.9所示。

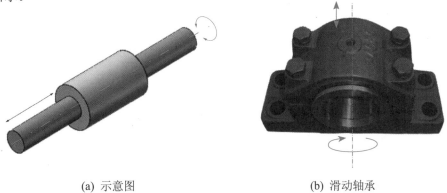

(a) 示意图   (b) 滑动轴承

图2.9　回转移动关节

④ 球关节。

球关节又称球面副，是使两个杆件的组件中的一件相对于另一件在3个自由度上绕一固定点转动的关节，即组成运动副的两构件能绕一球心做3个独立的相对转动的运动副，如图2.10所示。

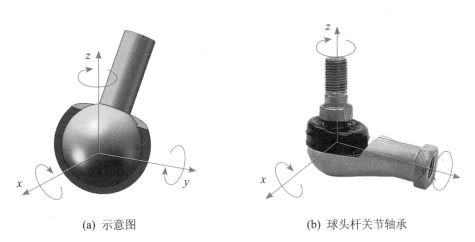

(a) 示意图   (b) 球头杆关节轴承

图2.10　球关节

（2）图形符号。

常用运动副的图形符号见表2.1。

表2.1　常用运动副的图形符号

名称	图形	简图符号	自由度	名称	图形	简图符号	自由度
转动副	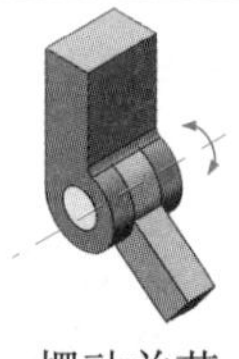 摆动关节		1	移动副	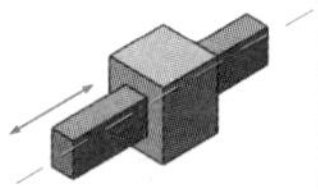	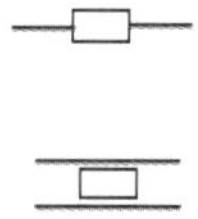	1
	回转关节		1	回转移动副	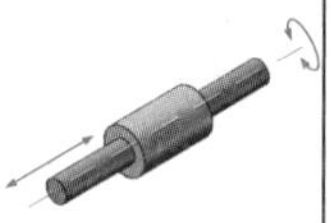	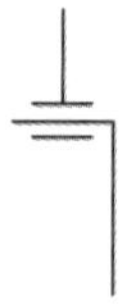	2
	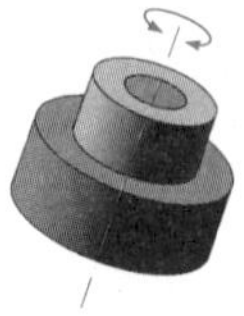			球面副	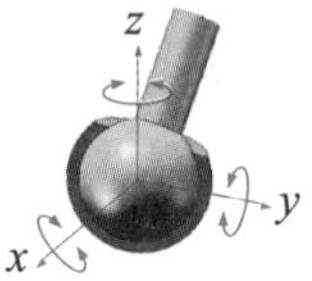		3

常用运动机构的图形符号见表2.2。

表2.2　常用运动机构的图形符号

名称	符号		实物图
末端执行器	一般型		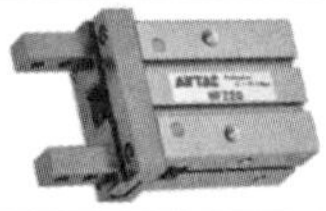
	熔接		
	真空吸引		
基座	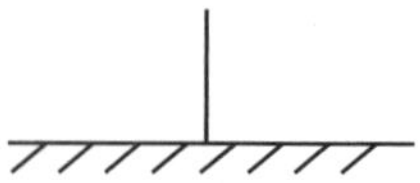		

对于一个6自由度工业机器人，它是由6个连杆和6个关节组成，其机构简图如图2.11所示。

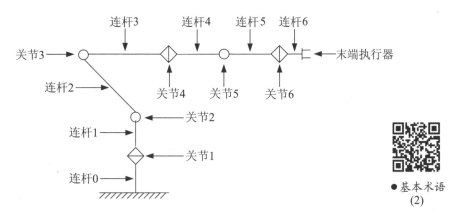

● 基本术语
(2)

图2.11 6自由度机器人机构图

4.运动轴

通常工业机器人运动轴按其功能可划分为**机器人轴、基座轴和工装轴**，如图2.12所示。

图2.12 工业机器人系统的运动轴

➤ **机器人轴**

机器人轴又称**本体轴**，是指机器人操作机的机械臂运动轴，属于机器人本身。

➤ **基座轴**

基座轴是使机器人移动的轴的总称，主要指行走轴（移动滑台或导轨）。

➤ **工装轴**

工装轴是除机器人轴、基座轴以外的轴的总称，指使工件、工装夹具翻转和回转的轴，如回转台、翻转台等。

基座轴和工装轴属于外部轴。

5.工具中心点

工具中心点（Tool Center Point，TCP）是机器人系统的控制点，出厂时默认为最后一个运动轴或连接法兰的中心。

安装工具后，TCP将发生变化，变为工具末端的中心。如图2.13所示。为实现精确的运动控制，当换装工具或发生工具碰撞时，皆需进行TCP标定，具体标定过程详见7.6.1小节。

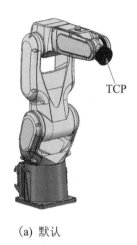
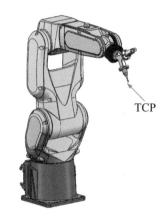

(a) 默认　　　　　　　　　　　　(b) 安装工具后

图2.13　机器人工具中心点

6.坐标系

工业机器人系统中常用的坐标系有：**关节坐标系、世界坐标系、基坐标系、工具坐标系和工件坐标系。**

　➢ **关节坐标系**

关节坐标系是设定在机器人关节中的坐标系，如图2-14所示。在关节坐标系下，工业机器人各轴均可实现单独正向或反向运动。对于大范围运动，且不要求TCP姿态时，可选择关节坐标系。

　➢ **世界坐标系**

世界坐标系是建立在工作单元或工作站中的固定坐标系，如图2.15中的坐标系O_0-$x_0y_0z_0$，用于确定若干个机器人或外轴移动的机器人的位置。

在默认情况下，一般世界坐标系与基坐标系是重合的。

　➢ **基坐标系**

基坐标系是机器人工具和工件坐标系的参照基础，是工业机器人示教与编程时经常使用的坐标系之一。工业机器人出厂前，其基坐标系已由生产商定义好，用户不可以更改。

各生产商对机器人的基坐标系的定义各不相同，需要参考其技术手册。ABB和FANUC机器人的基坐标系定义见表2.3。

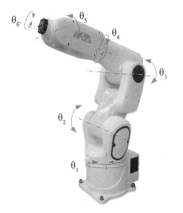

(a) 哈工大机器人集团-HR3机器人　　　　　　(b) ABB-IRB120

图2.14　工业机器人的关节坐标系

在基坐标系中，不管机器人处于什么位置，TCP点均可沿设定的x轴、y轴、z轴平移和旋转。

表2.3　ABB和FANUC机器人的基坐标系的定义

品牌	ABB机器人	FANUC机器人
定义	原点定义在机器人安装面与第1轴的交点处，x轴向前，z轴向上，y轴按正交右手定则确定	原点定义在第2轴所处水平面与第1轴交点处，z轴向上，x轴向前，y轴按正交右手定则确定，如图2.14中的坐标系O_1-$x_1y_1z_1$
示意图		

> **工具坐标系**

工具坐标系（Tool Control Frame，TCF）是用来定义工具中心点的位置和工具姿态的坐标系，其原点定义在TCP点，但x轴、y轴和z轴的方向定义因生产商而异。未定义时，工具坐标系默认在连接法兰中心处，如图2.16所示；而安装工具且重新定义后，工具坐标系位置会发生改变，如图2.15中的坐标系$O_2\text{-}x_2y_2z_2$。

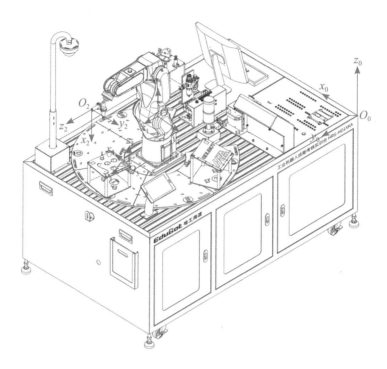

图2.15　机器人常用坐标系

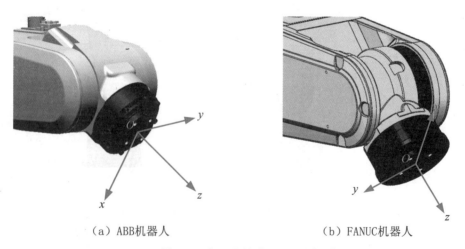

（a）ABB机器人　　　　　　　（b）FANUC机器人

图2.16　机器人的默认工具坐标系

　　工具坐标系的方向随腕部的移动而发生变化，与机器人的位姿无关。因此，在进行相对于工件不改变工具姿态的平移操作时，选用该坐标系最为适宜。

➢ 工件坐标系

工件坐标系又称用户坐标系，是以基坐标系为参考，在工件或工作台上建立的坐标系，如图2.15中的坐标系$O_3 - x_3 y_3 z_3$。

当机器人配置多个工件或工作台时，选用工件坐标系可使操作更为简单。在工件坐标系中，TCP点将沿用户自定义的坐标轴方向运动。

工件坐标系优势：当机器人运行轨迹相同、而工件位置不同时，只需要更新工件坐标系即可，无需重新编程。

在建立机器人项目时，至少需要建立两个坐标系，即工具坐标系和工件坐标系。前者便于操作人员进行调试工作，后者方便机器人记录工件位置信息。

不同的机器人坐标系功能等同，即机器人在关节坐标系下完成的动作，同样可在直角坐标系下实现。

机器人在关节坐标系下的动作是单轴运动，而在其他坐标系下则是多轴联动。除关节坐标系以外，其他坐标系均可实现控制点不变动作（即只改变工具姿态而不改变TCP位置），这在进行机器人TCP标定时经常用到。而机器人外部轴的运动控制只能在关节坐标系下进行。

2.3 主要技术参数

选用什么样的工业机器人，首先要了解机器人的主要技术参数，然后根据生产和工艺的实际要求，通过机器人的技术参数来选择机器人的机械结构、坐标形式和传动装置等。

● 主要技术参数

机器人的技术参数反映了机器人的适用范围和工作性能，主要包括自由度、**额定负载、工作空间、最大工作速度、分辨率和工作精度**，还包括控制方式、驱动方式、安装方式、动力源容量、本体质量、环境参数等。

1.自由度

机器人的自由度是指工业机器人相对坐标系能够进行独立运动的数目，不包括末端执行器的动作，如焊接、喷涂等，如图2.17所示。

机器人的自由度反映机器人动作的灵活性，自由度越多，机器人就越能接近人手的动作机能，通用性越好；但是自由度越多，结构就越复杂，对机器人的整体要求就越高。因此，工业机器人的自由度是根据其用途设计的。

采用空间开链连杆机构的机器人，因每个关节运动副仅有一个自由度，所以机器人的自由度数就等于它的关节数。

由于具有6个旋转关节的铰链开链式机器人从运动学上已被证明能以最小的结构尺寸获取最大的工作空间，并且能以较高的位置精度和最优的路径到达指定位置，因而关

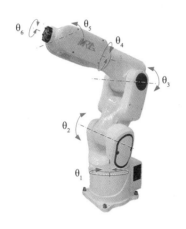

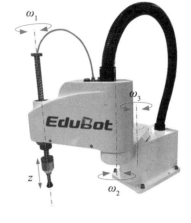

(a) 哈工大机器人集团-HR3机器人　　　　(b) 哈工海渡-水平关节机器人

图2.17　机器人的自由度

节机器人在工业领域得到广泛应用。

目前，焊接和涂装机器人多为6或7个自由度，搬运、码垛和装配机器人多为4~6个自由度。而7个以上的自由度是**冗余自由度**，可以满足复杂工作环境和多变的工作需求。从运动学角度来看，完成某一特定作业时具有多余自由度的机器人称为冗余度机器人，如KUKA的LBR iiwa，如图2.18所示。

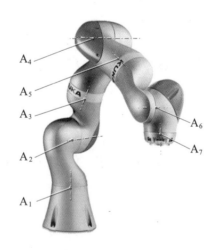

图2.18　7自由度的KUKA-LBR iiwa机器人

2. 额定负载

额定负载也称有效负荷，是指正常作业条件下，工业机器人在规定性能范围内，手腕末端所能承受的最大载荷。

目前使用的工业机器人负载范围较大：0.5~2 300 kg，见表2.4。

表2.4 工业机器人的额定负载

型号	FANUC M-1iA/0.5S	FANUC LR Mate 200iD/4S	FANUC M-200iA/2300	ABB IRB120
实物图				
额定 负载	0.5 kg	4 kg	2300 kg	3 kg
型号	EPSON LS6-602S	YASKAMA MH12	YASKAWA MC2000II	KUKA KR16
实物图				
额定 负载	2kg	12 kg	50 kg	16 kg

额定负载通常用载荷图表示，如图2.19所示。

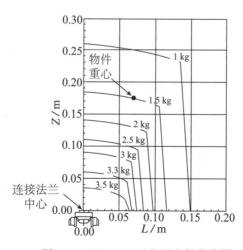

图2.19 ABB IRB120机器人的载荷图

在图2.19中，纵轴Z表示负载重心离连接法兰中心的纵向距离，横轴L表示负载重心离连接法兰中心的横向距离。图示中物件重心落在1.5 kg载荷线上，表示此时物件质量不能超过1.5 kg。

3.工作空间

工作空间又称工作范围、工作行程，是指工业机器人作业时，**手腕参考中心（即手腕旋转中心）所能到达的空间区域，不包括手部本身所能达到的区域**，如图2.20所示，P点为手腕参考中心，哈工大机器人集团-HR3机器人的工作空间为597.5 mm。

工作空间的形状和大小反映了机器人工作能力的大小，它不仅与机器人各连杆的尺寸有关，还与机器人的总体结构有关。工业机器人在作业时可能会因存在手部不能到达的作业死区而不能完成规定任务。

由于末端执行器的形状和尺寸是多种多样的，为真实反映机器人的特征参数，生产商给出的工作范围一般是指不安装末端执行器时可以达到的区域。

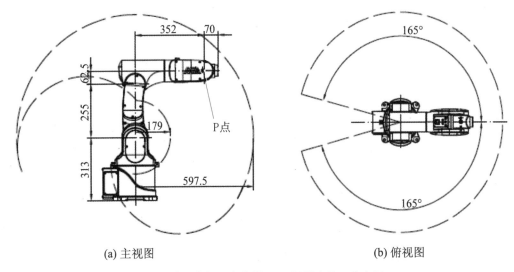

(a) 主视图　　　　　　　　　　　(b) 俯视图

图2.20　哈工大机器人集团-HR3机器人的工作空间

需要特别注意的是：在装上末端执行器后，需要同时保证工具姿态，实际的可达空间与生产商给出的不一样，因此需要通过比例作图或模型核算来判断是否满足实际需求。

4.最大工作速度

最大工作速度是指在各轴联动情况下，机器人手腕中心或者工具中心点所能达到的最大线速度。

不同生产商对工业机器人工作速度规定的内容有所不同，通常会在技术参数表格中加以说明，见表2.5。

表2.5　ABB-IRB120性能参数

性能		25 mm×300 mm×25 mm 的含义:
1kg 拾料节拍		①s_1=s_3=25 mm, s_2=300 mm;
25 mm×300 mm×25 mm	0.58 s	②机器人末端持有 1 kg 物料时, 沿 A→B→C→
TCP 最大速度	6.2 m/s	B→A 轨迹往返搬运一次的时间为 0.58 s;
TCP 最大加速度	28 m/s^2	③此往返过程中 TCP 最大速度为 6.2 m/s;
加速时间 0-1 m/s	0.07 s	

显而易见, 最大工作速度越高, 工作效率就越高; 然而, 工作速度越高, 对工业机器人的最大加速度的要求也越高。

5. 分辨率

分辨率是指工业机器人每根轴能够实现的**最小移动距离或最小转动角度**。机器人的分辨率由系统设计检测参数决定, 并受到位置反馈检测单元性能的影响。

系统分辨率可分为**编程分辨率**和**控制分辨率**两部分。

编程分辨率是指程序中可以设定的最小距离单位; **控制分辨率**是位置反馈回路能够检测到的最小位移量。显然, 当编程分辨率与控制分辨率相等时, 系统性能最好。

6. 工作精度

工业机器人的工作精度包括**定位精度**和**重复定位精度**。

➤ **定位精度**又称**绝对精度**, 是指机器人的末端执行器实际到达位置与目标位置之间的差距。

➤ **重复定位精度**简称**重复精度**, 是指在相同的运动位置命令下, 机器人重复定位其末端执行器于同一目标位置的能力, 以实际位置值的**分散程度**来表示。

实际上机器人重复执行某位置给定指令时, 它每次走过的距离并不相同, 都是在一平均值附近变化。该平均值代表精度, 变化的幅值代表重复精度, 如图2.21和图2.22所示。机器人具有绝对精度低、重复精度高的特点。

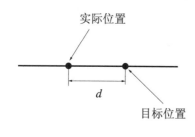

图2.21　定位精度

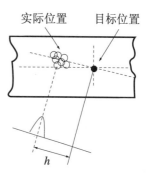

图2.22　重复定位精度

一般而言，**工业机器人的绝对精度要比重复精度低一到两个数量级**，其主要原因是：由于机器人本身的制造误差、工件加工误差及机器人与工件的定位误差等因素的存在，使机器人的运动学模型与实际机器人的物理模型存在一定的误差，从而导致机器人控制系统根据机器人运动学模型来确定机器人末端执行器的位置时也会产生误差。

由于工业机器人具有转动关节，回转半径不同时其直线分辨率是变化的，因此机器人的精度难以确定，通常工业机器人只给出重复定位精度，见表2.6。

表2.6 常见工业机器人的重复定位精度

型号	ABB IRB12	FANUC LR Mate 200iD/4S	YASKAMA MPP3H	KUKA KR16
实物图				
重复定位精度	±0.01 mm	±0.02 mm	±0.1 mm	±0.05 mm

2.4 运动原理

工业机器人操作机可以看成一个多连杆机构，始端连杆就是机器人的基座，末端连杆与工具相连，相邻连杆之间用一个关节（轴）连接在一起。在操作机器人时，其末端执行器必须处于要求的空间位置和姿态（简称位姿），而这些位姿是由机器人若干关节的运动所合成的。因此机器人各关节变量空间和末端执行器位姿之间的关系即机器人运动学模型，是工业机器人运动控制的基础。

2.4.1 工作空间分析

了解机器人运动学模型之前，先要掌握工业机器人的工作空间是如何确定的。机器人的工作空间在技术手册中常用图形表示，而多关节机器人的工作范围通常指的是**工作半径**，即参考中心点P所能达到的最大水平距离。

➤ **机器人原点位置与机械原点**

工业机器人的工作空间通常是相对于自身本体的原点位置而言的。

机器人的原点位置是指机器人本体的各个轴同时处于机械原点时的姿态，而机械原点是指机器人某一本体轴的角度显示为0°时的状态。

●工作空间
分析(1)

机器人各轴的机械原点在机械臂上都有对应的位置标记，如图2.23所示。

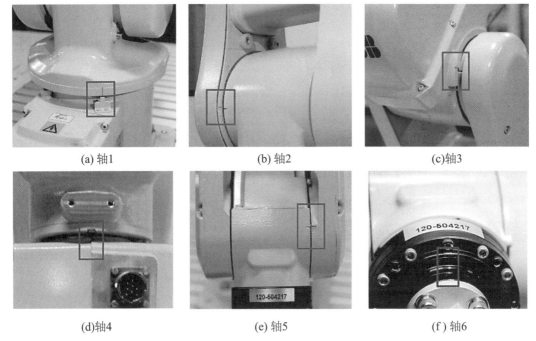

(a) 轴1　　　　　　　　　(b) 轴2　　　　　　　　　(c) 轴3

(d) 轴4　　　　　　　　　(e) 轴5　　　　　　　　　(f) 轴6

图2.23　ABB-IRB120各轴对应的机械原点标记位置

各种型号的机器人机械原点标记位置会有所不同，对应的原点位置也会不一样。原点位置具体要参照各机型对应的机器人使用说明书或手册。

1. 垂直多关节机器人的工作空间

以安川MOTOMAN-MH12六轴机器人为例，说明工作半径的计算方法，其各轴的动作范围见表2.7，工作空间如图2.24所示。

表2.7　MOTOMAN-MH12六轴机器人的各轴动作范围

	S 轴（回转）	−170°～+170°
	L 轴（下臂）	−90°～+155°
	U 轴（上臂）	−175°～+240°
动作范围	R 轴（手臂回转）	−180°～+180°
	B 轴（手臂摆动）	−135°～+135°
	T 轴（手腕回转）	−360°～+360°

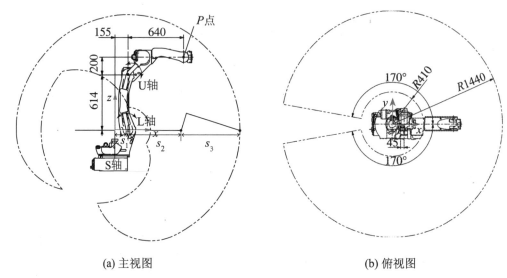

$\square$: P点动作范围

(a) 主视图　　　　　　　　　　　(b) 俯视图

图2.24　安川MH12机器人的工作空间

如图2.24 (a) 所示，以MH12机器人的基坐标系为参照，当L轴、U轴和P点三者同时处于水平位置时（即图中实线位置），S轴（z轴）到P点的水平距离是它的工作半径。

①s_1是L轴与S轴的水平偏距，由图可知：s_1=155 mm。

②s_2是L轴与U轴的距离，由图可知：s_2=614 mm。

③s_3是P点到U轴的距离，由图可知：$s_3=\sqrt{(640 \text{ mm})^2+(200 \text{ mm})^2}$=671 mm。

故工作半径$R=s_1+s_2+s_3$=1 440 mm。

而机器人绕S轴可以回转$-170°\sim +170°$，如图2.24 (b) 所示，因此形成的工作空间是球体的一部分。

四轴垂直多关节机器人的工作半径可以参照此方法计算。

2. 水平关节机器人的工作空间

以EPSON的LS6-602S型SCARA机器人为例，说明工作半径的计算方法，其工作空间如图2.25所示。

如图2.25(b)所示，以LS6-602S机器人的基坐标系为参照，当J_1轴、J_2轴和J_3轴三者共面时，J_1轴到J_3轴的距离则是它的工作半径。

①s_1是J_1轴到J_2轴的距离，由图可知：s_1=325 mm。

②s_2是J_2轴到J_3轴的距离，由图可知：s_2=275 mm。

则工作半径$R=s_1+s_2$=600 mm。

而J_3轴沿竖直方向上下移动的行程为200 mm，如图2.25 (a) 所示，因此形成的工作空间是一个圆柱体。

3. 直角坐标机器人的工作空间

以哈工海渡直角坐标机器人为例,其工作空间如图2.26所示。

直角坐标机器人的工作空间是一个长方体,如图2.26中虚线所示,该长方体的长、宽和高分别为345 mm、220 mm和135 mm。

● 工作空间
分析(2)

4. DELTA并联机器人的工作空间

以ABB-IRB360-8/1130机器人为例,其工作空间如图2.27所示。

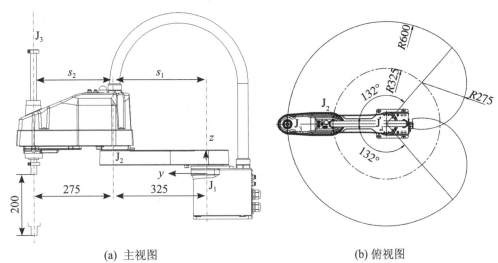

(a) 主视图   (b) 俯视图

图2.25 EPSON LS6-602S机器人的工作空间

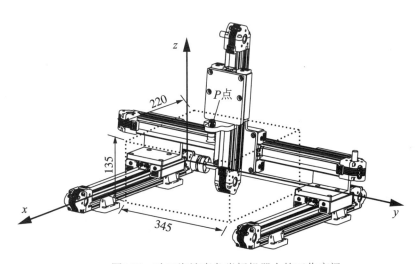

图2.26 哈工海渡直角坐标机器人的工作空间

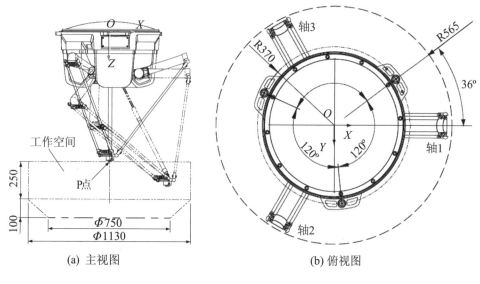

(a) 主视图　　　　　　　　　　　　　　　(b) 俯视图

（c）三维图

图2.27　ABB-IRB360-8/1130机器人的工作空间

由图2.27知ABB-IRB360-8/1130机器人的工作空间为圆柱体，范围为Φ1 130 mm×350 mm。

●数理基础
(1)

2.4.2　数理基础

矩阵可用来表示点、向量、坐标系，平移、旋转以及变换，还可以表示坐标系中的物体和其他运动元件。

1. 位置和姿态的表示

机器人各关节变量空间、末端执行器位姿等是用位置矢量、平面和坐标系等概念来描述的。

（1）位置描述。

在直角坐标系｛A｝中，空间任意一点P的位置可用3×1的列矢量$^A p$来表示，如图

2.28所示。式2.1是位置矢量的矩阵表示形式。

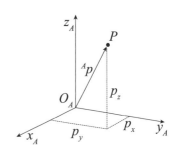

$$^A\boldsymbol{p} = \begin{bmatrix} p_x \\ p_y \\ p_z \end{bmatrix} \qquad (2.1)$$

图2.28　坐标表示

其中，p_x、p_y、p_z是点P在坐标系$\{A\}$中的3个坐标分量（投影）。$^A\boldsymbol{p}$的上标A代表参考坐标系$\{A\}$，$^A p$被称为位置矢量。

这种表示法也可以稍做变化：加入一个比例因子w，可得

$$^A\boldsymbol{p} = \begin{bmatrix} x \\ y \\ z \\ w \end{bmatrix} \quad \text{其中} \quad p_x = \frac{x}{w}, \quad p_y = \frac{y}{w}, \quad p_z = \frac{z}{w} \qquad (2.2)$$

变量w可以为任意数，向量的大小会随着w的变化而变化。如果$w=1$，则各分量的大小保持不变，表示为位置向量；如果$w=0$，p_x、p_y和p_z则为无穷大，此时表示为方向向量，即$^A\boldsymbol{p}$的方向由x、y、z 3个分量来表示，若此时$^A\boldsymbol{p}$的长度为1，则称为单位向量。

（2）姿态描述。

研究机器人的运动与操作，不仅要表示空间某个点的位置，而且需要表示物体的姿态（即方向）。物体的姿态可由某个固接于此物体的坐标系描述。为了规定空间某物体（如抓手）的姿态，设置一直角坐标系$\{B\}$与此物体固接。

一个原点位于参考坐标系原点的坐标系可由3个相互垂直的向量表示，通常将这3个向量称为单位向量$\boldsymbol{n}$、$\boldsymbol{o}$、$\boldsymbol{a}$，分别表示法线（normal）、方向（orientation）和接近（approach），如图2.29所示。

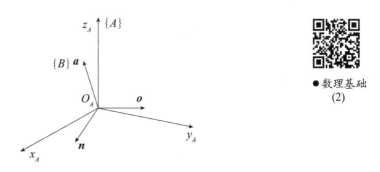

●*数理基础*
(2)

图2.29　坐标系在参考坐标系原点的表示

每个单位向量都由它们所在参考坐标系中的3个分量表示。坐标系{B}姿态可用变换矩阵F_0表示为

$$F_0 = \begin{bmatrix} n & o & a \end{bmatrix} = \begin{bmatrix} n_x & o_x & a_x \\ n_y & o_y & a_y \\ n_z & o_z & a_z \end{bmatrix} \tag{2.3}$$

(3)位姿描述。

如果一个坐标系不在固定参考坐标系的原点（包括在原点情况），那么该坐标系的原点相对于参考坐标系也必须表示出来。为此，在该坐标系原点与参考坐标系原点之间做一个向量来表示该坐标系的位置，如图2.30所示。这个向量由相对于参考坐标系的3个分量来表示。

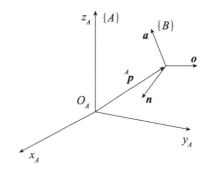

图2.30　一个坐标系在另一个坐标系中的表示

坐标系{B}的位姿可以由3个表示方向的单位向量和第4个位置向量来表示，即

$$F = \begin{bmatrix} n_x & o_x & a_x & p_x \\ n_y & o_y & a_y & p_y \\ n_z & o_z & a_z & p_z \\ 0 & 0 & 0 & 1 \end{bmatrix} \tag{2.4}$$

式（2.4）中前三列向量是$w=0$的方向向量，表示坐标系{B}的3个单位向量n、o和a的方向，而第4个$w=1$的向量表示坐标系{B}原点相对参考坐标系{A}的位置。变换矩阵F称为齐次变换矩阵。

(4)刚体的描述。

一个物体在空间的描述：通过在它上面固连一个坐标系，再将该固连的坐标系在空间表示出来。由于这个坐标系一直固连在该物体上，所以该物体相对于坐标系的位姿是已知的，因此只要这个坐标系在空间表示出来，就描述出了物体的位姿，即可用式（2.4）表示。

空间一个刚体有6个自由度，要全面定义该物体，需要用6条独立的信息来描述该物

体原点在参考坐标系中相对于3个参考坐标轴的位置，以及该物体关于这3个坐标轴的姿态。故对于式（2.4）要加两个约束条件，即

➢ 3个向量 n、o、a 相互垂直。

➢ 每个单位向量的长度必须为1。

2. 坐标变换

变换定义为空间的一个运动。当空间的一个坐标系（或物体）相对于固定参考坐标系运动时，用坐标变换来描述。

●数理基础
(3)

（1）平移坐标变换。

平移坐标变换是指一坐标系（或物体）在空间以不变的姿态运动。此时它的方向单位向量保持同一方向不变，只是坐标系原点相对参考坐标系发生变化，如图2.31所示。

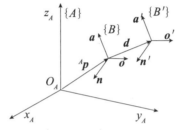

图2.31　空间平移坐标变换

坐标系 $\{B'\}$ 可用原来坐标系 $\{B\}$ 的原点位置向量加上位移向量 d 求得，即通过坐标系 $\{B\}$ 左乘平移变换矩阵 T 得到。平移变换矩阵 T 可表示为

$$T = \begin{bmatrix} 1 & 0 & 0 & d_x \\ 0 & 1 & 0 & d_y \\ 0 & 0 & 1 & d_z \\ 0 & 0 & 0 & 1 \end{bmatrix} \tag{2.5}$$

其中，d_x、d_y 和 d_z 是平移向量 d 相对于参考坐标系轴的3个分量（投影）。

则坐标系 $\{B'\}$ 的位置表示为

$$\begin{aligned} F' &= \begin{bmatrix} 1 & 0 & 0 & d_x \\ 0 & 1 & 0 & d_y \\ 0 & 0 & 1 & d_z \\ 0 & 0 & 0 & 1 \end{bmatrix} \times \begin{bmatrix} n_x & o_x & a_x & p_x \\ n_y & o_y & a_y & p_y \\ n_z & o_z & a_z & p_z \\ 0 & 0 & 0 & 1 \end{bmatrix} = \begin{bmatrix} n_x & o_x & a_x & p_x + d_x \\ n_y & o_y & a_y & p_y + d_y \\ n_z & o_z & a_z & p_z + d_z \\ 0 & 0 & 0 & 1 \end{bmatrix} \\ &= \mathrm{Trans}(d_x, d_y, d_z) \times F \end{aligned} \tag{2.6}$$

（2）旋转坐标变换。

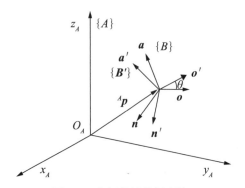

图2.32　空间旋转坐标变换

　　旋转坐标变换是指一坐标系（或物体）在空间只改变姿态的运动。此时它的坐标系原点相对参考坐标系不变化，只是方向单位向量发生改变，如图2.32所示。

　　坐标系 $\{B'\}$ 的原点还是原来坐标系 $\{B\}$ 的原点，只是绕坐标系 $\{B\}$ 的坐标轴旋转一个角度θ。绕x轴、y轴和z轴旋转的变换矩阵$\mathbf{Rot}$分别表示为

$$\mathbf{Rot}(x,\theta)=\begin{bmatrix} 1 & 0 & 0 & 0 \\ 0 & c\theta & -s\theta & 0 \\ 0 & s\theta & c\theta & 0 \\ 0 & 0 & 0 & 1 \end{bmatrix} \tag{2.7}$$

$$\mathbf{Rot}(y,\theta)=\begin{bmatrix} c\theta & 0 & s\theta & 0 \\ 0 & 1 & 0 & 0 \\ -s\theta & 0 & c\theta & 0 \\ 0 & 0 & 0 & 1 \end{bmatrix} \tag{2.8}$$

$$\mathbf{Rot}(z,\theta)=\begin{bmatrix} c\theta & -s\theta & 0 & 0 \\ s\theta & c\theta & 0 & 0 \\ 0 & 0 & 1 & 0 \\ 0 & 0 & 0 & 1 \end{bmatrix} \tag{2.9}$$

式中，　cθ表示cos θ；sθ表示sin θ；如果角度θ是绕坐标轴逆时针旋转得到的则规定为正值，顺时针旋转得到的则为负值。

　　绕坐标系 $\{B\}$ 的x轴、y轴和z轴旋转θ角度的坐标系 $\{B'\}$ 位置分别表示为

$$\mathbf{F}'=\mathbf{Rot}(x,\theta)\times\mathbf{F}, \quad \mathbf{F}'=\mathbf{Rot}(y,\theta)\times\mathbf{F}, \quad \mathbf{F}'=\mathbf{Rot}(z,\theta)\times\mathbf{F}$$

　　（3）复合坐标变换。

　　复合坐标变换是由固定参考坐标系或当前运动坐标系的一系列沿坐标轴平移和

绕坐标轴旋转变换所组成的。任何变换都可以分解为按一定顺序的一组平移和旋转变换。每次变换后该点相对于参考坐标系的坐标都是通过用每个变换矩阵左乘该点的坐标得到的。

假设坐标系$\{B'\}$是先沿平移向量d平移，然后绕y轴逆时针旋转θ角度，如图2.33所示，则坐标系$\{B'\}$变换后的位置表示为

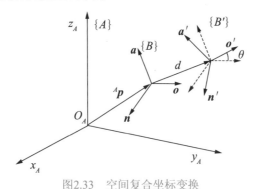

图2.33　空间复合坐标变换

$$F' = Rot(y,\theta) \times \text{Trans}(d_x, d_y, d_z) \times F$$

注意：先变换的先左乘，后变换的在之前左乘的基础上再左乘；左乘的顺序颠倒会产生不同结果。

2.4.3　运动学

1. 运动学基本问题

机器人运动学是从几何或机构的角度描述和研究机器人的运动特性，而不考虑引起这些运动的力或力矩的作用，这其中有两个基本问题。

●运动学和
动力学

➢ **运动学正问题**

对一给定的机器人操作机，已知各关节角矢量，求末端执行器相对于参考坐标系的位姿，称为**正向运动学**（运动学正解），如图2.34(a)所示。机器人示教时，机器人控制器即逐点进行运动学正解计算。

➢ **运动学逆问题**

对一给定的机器人操作机，已知末端执行器在参考坐标系中的初始位姿和目标（期望）位姿，求末端执行器从初始位姿运动到目标位姿的过程中各关节角矢量，称为逆向运动学（运动学逆解），如图2.34 (b) 所示。机器人再现时，机器人控制器即逐点进行运动学逆解运算，并将角矢量分解到操作机各关节。

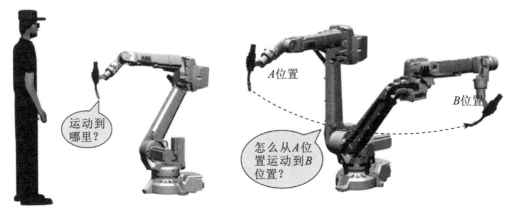

(a) 运动学正问题　　　　　　　　　　　　(b) 运动学逆问题

图2.34　运动学基本问题

2. 机器人运动方程

机器人运动方程表达的是机器人各关节变量空间和末端执行器位姿之间的关系。下面以D-H表示法为例说明机器人运动方程的建立方法。

（1）D-H连杆模型。

机器人机械臂可以看成一个开链式多连杆机构，这些关节可以是滑动的或转动的，它们按照一定的顺序放置在空间中。建立机器人的D-H连杆模型即对每个连杆建立一个坐标系并进行编号：将机器人基座记为连杆0，第一个可动连杆记为连杆1，依此类推，最末端的连杆记为连杆n；将连杆$i-1$与连杆i之间的关节记为关节i（$i=1,2,\ldots,n$）；将基座的坐标系设为参考坐标系$\{x_0,y_0,z_0\}$，连杆1的坐标系为$\{x_1,y_1,z_1\}$，依此类推，末端连杆n的坐标系为$\{x_n,y_n,z_n\}$，如图2.35所示。

坐标系$\{x_i,y_i,z_i\}$的z_i轴是关节轴线，对于旋转关节，z_i轴是沿旋转轴线的方向，而对于移动关节，z_i轴沿直线运动的方向。

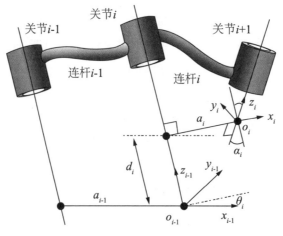

图2.35　广义连杆结构图

坐标系 $\{x_i,~y_i,~z_i\}$ 的 x_i 轴定义在 z_{i-1} 轴与 z_i 轴的公垂线方向上。

坐标系 $\{x_i,~y_i,~z_i\}$ 的 y_i 轴是根据正交右手定则确定。

在建立机器人杆件坐标系时，首先在每个连杆 i 的起始关节 i 上建立坐标轴 z_{i-1}，z_{i-1} 轴正方向在两个方向上任选其一，但所有轴要保持一致，通常选取向上为 z_{i-1} 轴正方向；x_i 轴正方向一般定义为由 z_{i-1} 轴沿公垂线指向 z_i 轴。

（2）D-H参数。

机器人机械臂可以看成由一系列连接在一起的连杆组成。用参数 a_i 和 α_i 来描述一个连杆，另外两个参数 d_i 和 θ_i 用来描述相邻两杆件之间的关系，如图2.35所示。将 a_i、α_i、d_i 和 θ_i 4个参数统称为D-H参数，通常制成表格形式。

D-H参数意义如下：

连杆长度 a_i： 关节 i 轴线与关节 $i+1$ 轴线之间的最短距离，即 z_{i-1} 轴与 z_i 轴的公垂线长度。

连杆扭角 α_i： 关节 i 轴线与关节 $i+1$ 轴线的空间夹角，即 z_{i-1} 轴与 z_i 轴之间的夹角。

连杆偏距 d_i： 两相邻公垂线之间的相对位置，即公垂线 a_{i-1} 与 a_i 在 z_{i-1} 轴方向上的偏移距离。

关节角 θ_i： 两相邻公垂线之间的空间夹角，即公垂线 a_{i-1} 与 a_i 之间的夹角。

特别说明：

① 由于基座和末端杆件只有一个关节，规定其长度为零。

② 对于一端为旋转关节，一端为移动关节的杆件，其长度也规定为零。

③ 规定基座和末端杆件的连杆扭角为零。

④ α_i 和 θ_i 逆时针旋转为正，顺时针旋转为负。

（3）正运动学方程。

各个关节的坐标系建立好后，根据下列步骤来建立连杆 i 与连杆 $i-1$ 的相对关系。按照下列4个标准步骤运动即可将图2.35中的坐标系 $\{x_{i-1},~y_{i-1},~z_{i-1}\}$ 移动到下一个坐标系 $\{x_i,~y_i,~z_i\}$。

① 绕 z_{i-1} 轴旋转 θ_i 角，使 x_{i-1} 轴与 x_i 轴共面且平行。

② 沿 z_{i-1} 轴平移距离 d_i，使 x_{i-1} 轴与 x_i 轴共线。

③ 沿 x_i 轴平移距离 a_i，使 x_{i-1} 轴与 x_i 轴原点重合。

④ 将 z_{i-1} 轴绕 x_i 轴旋转 α_i 角，使 z_{i-1} 轴与 z_i 轴共线。

利用齐次坐标变换矩阵，可表示相邻两杆件相对位置及方向的关系，称为 A 矩阵。它将当前的杆件坐标系变换到下一个杆件坐标系上。关节 i 与关节 $i+1$ 之间的变换矩阵可表示为

$$^{i-1}T_i = A_i = Rot(z_{i-1}, \theta_i) \times Trans(0,0,d_i) \times Trans(a_i,0,0) \times Rot(x_i, \alpha_i)$$

$$= \begin{bmatrix} c\theta_i & -s\theta_i c\alpha_i & s\theta_i s\alpha_i & a_i c\theta_i \\ s\theta_i & c\theta_i c\alpha_i & -c\theta_i c\alpha_i & a_i s\theta_i \\ 0 & s\alpha_i & c\alpha_i & d_i \\ 0 & 0 & 0 & 1 \end{bmatrix} \qquad (2.10)$$

在机器人的基座上，可以从第一个关节开始变换到第二个关节，直至到末端关节，则机器人的基座与末端关节之间的总变换为

$$^0T_H = {}^0T_1 \cdot {}^1T_2 \cdot \cdots \cdot {}^{n-1}T_n = A_1 \cdot A_2 \cdot \cdots \cdot A_n \qquad (2.11)$$

其中，n是关节数。对于六自由度的工业机器人则有6个A矩阵。^0T_n表示基坐标系所描述的末端关节坐标系，即

$$^0T_n = \begin{bmatrix} n_x & o_x & a_x & p_x \\ n_y & o_y & a_y & p_y \\ n_z & o_z & a_z & p_z \\ 0 & 0 & 0 & 1 \end{bmatrix}$$

式（2.11）称为机器人的正运动学方程。

（4）运动学求逆解。

逆向运动学是已知机器人的目标位姿参数（矩阵），求解各关节参数（矩阵）的过程。根据式（2.11）两端矩阵元素对应相等，可求出相应的运动参数。求解方法有3种：代数法、几何法和数值解析法。前两类方法是基于给出封闭解，适用于存在封闭逆解的机器人。关于机器人是否存在封闭逆解，对一般具有3~6个关节的机器人，有以下充分条件：

①有3个相邻关节轴相互平行。

②有3个相邻关节轴交于一点。

只要满足上述一个条件，就存在封闭逆解。数值解析法由于只给出数值，无需满足上述条件，是一种通用的逆问题求解方法，但因计算工作量大，目前尚难以满足实时控制的要求。

2.4.4　动力学

工业机器人是一种主动机械装置，原则上它的每个自由度都具有单独传动特性。机械臂运动是一种多变量的、非线性的自动控制系统，也是一个复杂的动力学耦合系统。

机器人的动力学是从速度、加速度和受力上来分析机器人的运动特性。动力学也有以下两个基本问题：

> **动力学正问题**

对一给定的机器人操作机，已知各关节的作用力或力矩，求各关节的位移、速度和加速度，求得的机器人手腕的运动轨迹，称为动力学正问题。

> **动力学逆问题**

对一给定的机器人操作机，已知机器人手腕的运动轨迹，即各关节的位移、速度和加速度，求各关节所需要的驱动力或力矩，称为动力学逆问题。

分析机器人操作的动态数学模型有两种基本方法，即牛顿-欧拉法和拉格朗日法。牛顿-欧拉法需要从动力学角度出发求得加速度，并消去各内作用力；拉格朗日法是基于能量平衡，只需要知道速度而不必求内作用力。

📖 本章小结

第一代工业机器人系统主要由操作机、控制器和示教器3部分组成。操作机是工业机器人的机械主体，是用来完成规定任务的执行机构，主要由机械臂、驱动装置、传动装置和内部传感器等部分组成。控制器是用来控制工业机器人按规定要求动作，示教器是工业机器人的人机交互接口。

工业机器人运动轴按其功能可划分为机器人轴、基座轴和工装轴。其中机器人轴属于本体轴，基座轴和工装轴属于外部轴。

工业机器人系统中常用的坐标系有关节坐标系、世界坐标系、基坐标系、工具坐标系及工件坐标系，其中基坐标系是机器人手动操作示教和编程经常使用的坐标系。

工业机器人操作机的性能一般用自由度、额定负载、工作空间、最大工作速度、工作精度等技术参数来表征。

工业机器人操作机可以看成一个多连杆机构，在操作机器人时，其末端执行器必须处于要求的位姿，而这些位姿是由机器人若干关节的运动所合成的。机器人运动学解决的是机器人各关节变量空间和末端执行器位姿之间的关系。

📖 思考题

1. 第一代工业机器人系统由哪几部分组成？
2. 工业机器人的运动轴分为哪几种？
3. 工业机器人的常用坐标系有哪几种？每个坐标系的含义是什么？
4. 什么是定位精度、重复定位精度？它们的联系与区别是什么？
5. 为什么工业机器人技术参数表格中不标出定位精度值？
6. 六轴垂直多关节机器人的工作半径是如何确定的？
7. 什么是机器人运动学的正问题和逆问题？

第3章 操作机

工业机器人的操作机主要包括4部分：机械臂、驱动装置、传动装置和内部传感器，是机器人的机械本体，它的功能是按照规定的作业要求执行各种作业动作。

学习目标

1. 熟悉4种构型工业机器人的机械臂组成。
2. 掌握驱动装置的基本结构和工作原理。
3. 掌握传动装置的基本结构和工作原理。
4. 掌握编码器的基本结构和工作原理。

3.1 机械臂

机械臂是工业机器人的机械结构部分，是机器人的主要承载体和直观的动作执行机构。 工业应用中典型的机械臂有4种：垂直多关节型机械臂、水平多关节型机械臂、直角坐标型机械臂和DELTA并联型机械臂。

3.1.1 垂直多关节机器人

垂直多关节工业机器人的机械系统由多个连杆、关节等组成，其本质是一个拟人手臂的空间多自由度开链式机构，一端固定在基座上，末端可自由运动。工业机器人关节通常为移动关节和转动关节。移动关节能使连杆做直线移动，转动关节可以让连杆回转和摆动。

●垂直多关节型机械臂
(1)

工业应用中的垂直多关节机器人以六轴和四轴为主。

1. 六轴垂直多关节机器人

(1)机械臂组成。

六轴垂直多关节机器人的机械臂主要包括**4部分：基座、腰部、手臂和手腕**，如图3.1所示。

①基座。基座是机器人的支撑基础，整个执行机构和驱动传动装置都安装在基座上。作业过程中，基座还要能够承受起外部作用力，臂部的运动越多，基座的受力越复杂。

工业机器人的基座安装方式主要分两种：**固定式和移动式**。固定式机器人是直接固定在地面上的，移动式机器人是安装在移动装置上的。

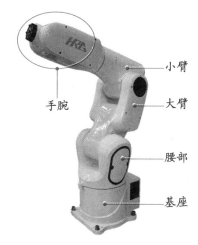

小臂

大臂

手腕

腰部

基座

图3.1   六轴垂直多关节机器人机械臂的基本构造

②腰部。机器人的腰部一般是与基座相连接的回转机构，可以与基座做成一个整体。有时为了扩大工作空间，也可以通过导杆或导槽在基座上移动。

腰部是机器人整个手臂的支撑部分，还带动手臂、手腕和末端执行器在空间回转，同时决定了它们所能到达的回转角度范围。

③手臂。手臂是连接腰部和手腕的部分，由操作机的动力关节和连接杆等组成。它又称为主轴，是执行机构中的主要运动部件，作用是改变手腕和末端执行器的空间位置，以满足机器人的作业空间，并将各种载荷传递到基座。

对于六轴机器人而言，手臂一般包括**大臂**和**小臂**。大臂是连接腰部的部分，小臂是连接手腕的部分，大臂与小臂之间通过转动关节相连。

④手腕。机器人的手腕是连接末端执行器和手臂的部分，将作业载荷传递到臂部，也称为次轴，它的作用是支撑腕部和调整或改变末端执行器的空间位姿，因此它具有独立的自由度，从而使末端执行器完成复杂的动作。

a.手腕的运动。**手腕按其运动形式一般分为回转手腕和摆动手腕**，如图3.2所示。

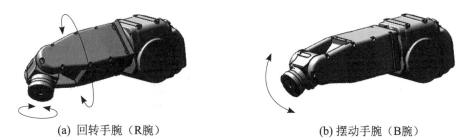

(a) 回转手腕（R腕）   (b) 摆动手腕（B腕）

图3.2   手腕的运动形式

回转手腕又称**R腕**，是一种回转关节，如图3.2（a）所示，摆动手腕又称**B腕**，是一种摆动关节，如图3.2（b）所示。

　　b.手腕的自由度。通常六轴垂直多关节机器人的手腕自由度是3，这样能够使末端执行器处于空间任意姿态。手腕由R腕和B腕组合而成。常用手腕结构形式有**RBR型**和**3R型**，其结构如图3.3所示。两种手腕结构的运用各不相同，常用的是RBR型，而喷涂行业一般采用3R型。

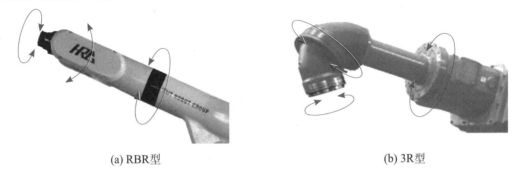

| (a) RBR型 | (b) 3R型 |

图3.3　手腕的结构形式

　　（2）本体轴。

　　顾名思义，六轴垂直多关节机器人的机械臂有6个可活动关节，对应6个机器人本体轴。

　　机器人本体轴可分为两类：基本轴和腕部轴。

●垂直多关节型机械臂（2）

　　➢ 基本轴又称主轴，用于保证末端执行器达到工作空间的任意位置。

　　➢ 腕部轴又称次轴，用于实现末端执行器的任意空间姿态。

　　而六轴关节机器人的品牌繁多，各厂商对机器人轴的名称的命名各不相同。四大机器人家族对其本体轴的定义如图3.4所示，本体轴的类型见表3.1。

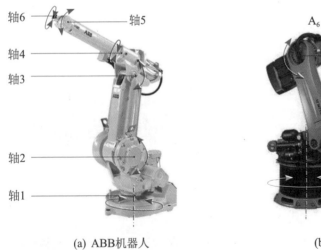

| (a) ABB机器人 | (b) KUKA机器人 |

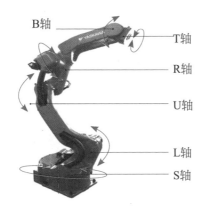

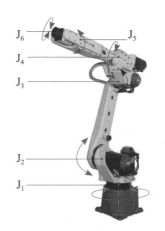

（c）YASKAWA机器人　　　　　　　（d）FANUC机器人

图3.4　四大机器人家族本体轴的定义

表3.1　六轴机器人本体轴类型

四大家族	基本轴（主轴）			腕部轴（次轴）		
	第1轴	第2轴	第3轴	第4轴	第5轴	第6轴
ABB	轴1	轴2	轴3	轴4	轴5	轴6
KUKA	A_1	A_2	A_3	A_4	A_5	A_6
YASKAWA	S轴	L轴	U轴	R轴	B轴	T轴
FANUC	J_1	J_2	J_3	J_4	J_5	J_6

2. 四轴垂直多关节机器人

（1）机械臂组成。

四轴垂直多关节机器人可以看成是六轴机器人的简化，它的机械臂也是由基座、腰部、手臂和手腕4部分组成，但一般将手腕的3个自由度简化成1个自由度，其他组成部分和六轴关节机器人类似，主要用于搬运和码垛行业。

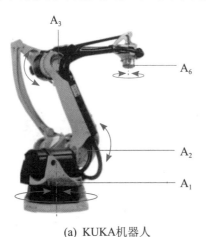

（a）KUKA机器人　　　　　　　　　（b）ABB机器人

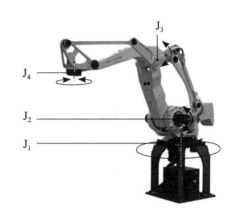

(c) YASKAWA机器人　　　　　　　　(d) FANUC机器人

图3.5　四大机器人家族本体轴的定义

（2）本体轴。

四轴机器人本体轴与六轴的类似，可分为两类：基本轴和腕部轴。

四大机器人家族对四轴机器人本体轴的定义如图3.5所示，本体轴的类型见表3.2。

表3.2　四轴机器人本体轴类型

四大家族	基本轴（主轴）			腕部轴（次轴）
	第1轴	第2轴	第3轴	第4轴
ABB	轴1	轴2	轴3	轴6
KUKA	A_1	A_2	A_3	A_6
YASKAWA	S轴	L轴	U轴	T轴
FANUC	J_1	J_2	J_3	J_4

3.1.2　水平多关节机器人

　　水平多关节机器人的机械臂是串联配置的，且能够在水平面内旋转。水平多关节机器人即SCARA（Selective Compliance Assembly Robot Arm）机器人，是具有选择顺应性装配机器人手臂。

1. 机械臂组成

　　SCARA机器人的机械臂主要包括3部分：**基座、大臂和小臂**，如图3.6所示。

　　SCARA机器人的基座和六轴关节机器人的类似，区别是：与SCARA机器人基座相连的是大臂，与大臂相连的是小臂，而小臂上可装有末端执行器。

● 其他类型
机械臂

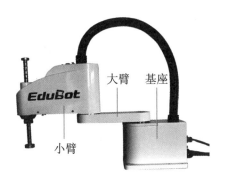

图3.6 SCARA机器人机械臂基本构造

2. 本体轴

SCARA机器人具有4个本体轴和4个自由度，各厂商对SCARA机器人本体轴的定义有所不同，见表3.3。

表3.3 SCARA机器人本体轴的定义

厂商	各轴名称				实物图
	第 1 轴	第 2 轴	第 3 轴	第 4 轴	
E PSON	J_1	J_2	J_3	J_4	
YAMAHA	X轴	Y轴	Z轴	R 轴	
ABB	轴 1	轴 2	轴 3	轴 4	

3.1.3 直角坐标机器人

直角坐标机器人在空间上具有多个相互垂直的移动轴，常用的是3个轴，如图3.7所示。

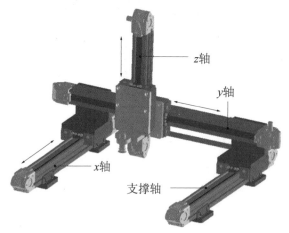

图3.7 直角坐标机器人机械臂的基本构造

1. 机械臂组成

直角坐标机器人的机械臂分为x轴、y轴和z轴3部分，其中x轴方向上还有一个起稳定支撑作用的轴，两轴之间通过传动机构相连，实现同步移动，如图3.7所示。

2. 本体轴

直角坐标机器人的本体轴也称x轴、y轴和z轴，运动方向如图3.7所示。

3.1.4 DELTA并联机器人

DELTA并联机器人是一种高速、轻载机器人，通常具有3~4个自由度，可以实现工作空间的x、y、z方向的平移及绕z轴的旋转运动。

1. 机械臂组成

DELTA机器人的机械臂包括4部分：静平台、主动臂、从动臂和动平台，如图3.8

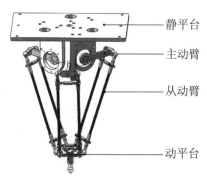

图3.8 DELTA机器人机械臂的基本构造

所示。

（1）静平台。

静平台又称基座，常用的是顶吊安装，主要作用是支撑整个机器人，并减少机器人运动过程中的惯量。

（2）主动臂。

主动臂通过驱动电机与基座直接相连，作用是改变末端执行器的空间位置。DELTA机器人有3个相同的并联主动臂，具有3个自由度，可以实现机器人在x、y、z方向的移动。

（3）从动臂。

从动臂又称连杆，是连接主动臂和动平台的机构，常用的连接方式是球铰链。

（4）动平台。

动平台是连接连杆和末端执行器的部分，它的作用是支撑末端执行器，并改变其姿态。如果动平台上未装有绕z轴旋转的驱动装置，则DELTA机器人有3个自由度，如图3.8所示；如果动平台上装有绕z轴旋转的驱动装置，则DELTA机器人有4个自由度，见表3.4。

表3.4　DELTA机器人本体轴

厂商	各轴名称				实物图
	第1轴	第2轴	第3轴	第4轴	
ABB	轴1	轴2	轴3	轴4	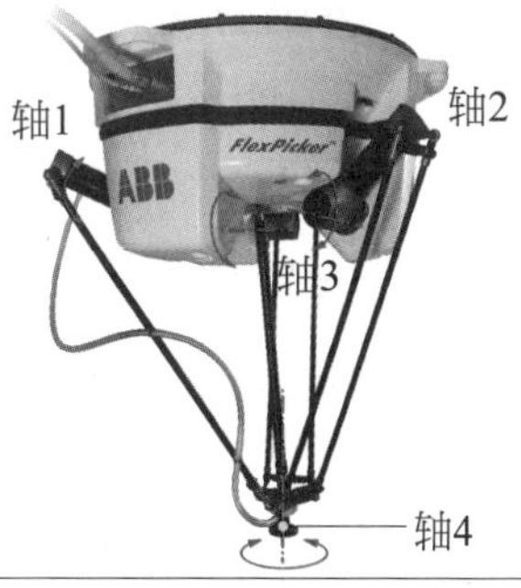
YASKAWA	S轴	L轴	U轴	T轴	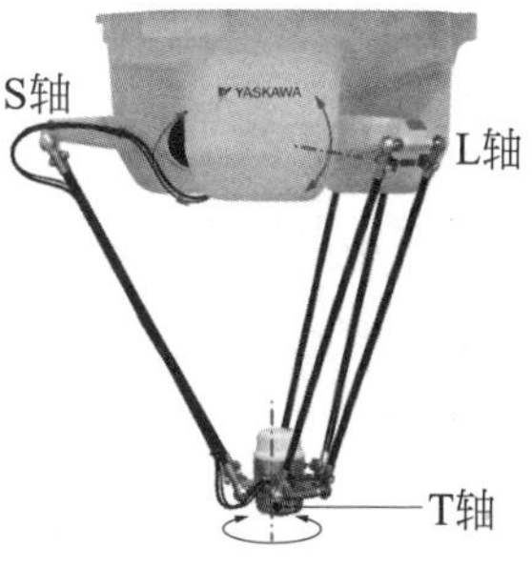

续表3.4

厂商	各轴名称				实物图
	第 1 轴	第 2 轴	第 3 轴	第 4 轴	
FANUC	J_1	J_2	J_3	J_4	

2. 本体轴

常用的DELTA机器人具有3~4个本体轴，各厂商对DELTA机器人的本体轴定义有所不同，见表3.4。

3.2　驱动装置

驱动装置是指机械臂运动的动力装置，它的作用是提供工业机器人各部位动作的原动力，相当于人体的肌肉。

根据驱动源的不同，驱动方式可分为3种：**电气驱动、液压驱动、气压驱动**，见表3.5，也包括把这3种方式结合起来应用的综合系统，而**工业机器人大多数采用电气驱动。**

●驱动装置与步进电机

驱动装置可以与机械结构系统直接相连，也可以通过传动装置进行间接驱动。

电气驱动是利用各种电动机产生的力或力矩，直接或经过减速装置去驱动机器人的关节，以获得所要求的位置、速度和加速度的驱动方法。而电动机是一种把电能转换成机械能的电磁装置，它是利用通电线圈（即定子绕组）产生旋转磁场并作用于转子形成磁电动力旋转扭矩。其中电动机运行时静止不动的部分称为定子，运动时转动的部分称为转子，转子的主要作用是产生电磁转矩和感应电动势，是电动机进行能量转换的枢纽，所以通常又称电枢。

目前工业机器人采用的电气驱动主要有步进电动机和伺服电动机两类。

表3.5　3种驱动方式特点比较

特点 驱动方式	输出力	控制性能	维修使用	结构体积	使用范围	制造成本
电气驱动	输出力较小	容易与CPU连接，控制性能好，响应快，可精确定位，但控制系统复杂	维修使用较复杂	需要减速装置，体积较小	高性能、运动轨迹要求严格的机器人	成本较高
液压驱动	压力高，可获得大的输出力	油液不可压缩，压力、流量均容易控制，可无级调速，反应灵敏，可实现连续轨迹控制	维修方便，液体对温度变化敏感，油液泄漏易着火	在输出力相同的情况下，体积比气压驱动方式小	中、小型及重型机器人	液压元件成本较高，油路比较复杂
气压驱动	气体压力低，输出力较小，如需输出力大时，其结构尺寸过大	可高速运行，冲击较严重，精确定位困难。气体压缩性大，阻尼效果差，低速不易控制，不易与CPU连接	维修简单，能在高温、粉尘等恶劣环境中使用，泄漏无影响	体积较大	中、小型机器人	结构简单，工件介质来源方便，成本低

3.2.1　步进电动机

步进电动机是一种将电脉冲信号转变为相应的角位移或线位移的开环控制精密驱动元件，按励磁方式分为**永磁式、反应式**和**混合式**3种。其中混合式综合了永磁式和反应式的优点，应用最为广泛，其定子上有多相绕组，转子上采用永磁材料。

1. 基本结构

三相反应式步进电动机的基本结构如图3.9所示。定子绕组是绕在定子铁心上的6个均匀分布的齿上的线圈，直径方向上相对的两个齿上的线圈串联在一起，构成一相控制绕组。若任一相绕组通电，便形成一组N、S磁极（方向如图3.9所示）。转子上均匀分布40个齿，而定子铁心每个齿上又开了5个小齿，齿槽等宽，齿间夹角是9°，与转子上的齿一致。此外，三相定子磁极上的小齿在空间位置上依次错开1/3齿距。当A相磁极上的小齿与转子上的齿对齐时，B相磁极上的小齿刚好超前或滞后转子上的齿1/3齿距角，同时C相磁极超前或滞后2/3齿距角。

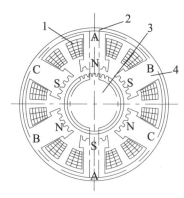

图3.9　三相反应式步进电动机基本结构

1—定子绕组；2—A相磁通；3—转子；4—定子铁心

2. 工作原理

当A相绕组通电时，转子上的齿与定子AA上的小齿对齐。若A相断电，B相通电，在磁力作用下，转子的齿与定子BB上的小齿对齐，转子沿顺时针方向转过3°。如果控制线路不断地按A→B→C→A→…的顺序控制绕组的通、断电，步进电动机的转子则不停地顺时针转动。若通电顺序改为A→C→B→A→…，则实现转子逆时针转动。

控制绕组从一种通电状态换到另一种通电状态称为"一拍"。每拍转子所转过的空间角度称为**步距角**，用θ表示。上述通电方式称为"三相单三拍"方式，"三相"是指定子共有三组控制绕组，即A相、B相和C相；"单"是指每次通电时，只有一相控制绕组通电；"三拍"是指经过3次切换通电状态完成一个循环，转子转过一个齿距对应的空间角度。

步进电动机的步距角为

$$\theta = \frac{360°}{ZN} \tag{3.1}$$

式中：θ为步距角；Z为转子的齿数；N是指一个循环的拍数，即转子转过一个齿距所需的拍数。由式（3.1）可知，采用"三相单三拍"方式运行时的步距角为3°。

通常为了得到小的步距角和较好的输出性能，采用"三相单双六拍"的通电方式，其通电顺序为A→AB→B→BC→C→CA→A→…（顺时针）和A→AC→C→CB→B→BA→A→…（逆时针），相应地，绕组的通电状态每改变一次，转子转过1.5°。

3. 特点

在非超载的情况下，电机的转速与停止的位置只取决于脉冲信号的频率与脉冲数，而不受负载变化的影响。**输出角度不受电压、电流及波形等因数的影响，仅取决于输入脉冲数的多少，输入和输出呈严格的线性关系，而电动机转动的速度和加速度可以通过脉冲频率来控制。**

步进电动机的输出角度精度高，且无累计误差，惯性小，具有自锁力，但存在周期性位置误差，在电动机旋转一周的过程中实际步距角与理论步距角的误差会逐步积累，而当电动机旋转一周后，其转轴又回到初始位置，使误差回零。步进电动机常用于负载转矩较小、速度和位置精度要求不高的场合。

4. 步进驱动器

步进电动机每相绕组不是恒定地通电，而是按照一定的规律轮流通电，需要专门的驱动器配合控制器完成作业。

步进驱动器一般由**环形分配器和功率放大器**组成，如图3.10所示。

环形分配器是将电脉冲按通电工作方式进行分配，功率放大器是将环形分配器输出的小信号进行功率放大。

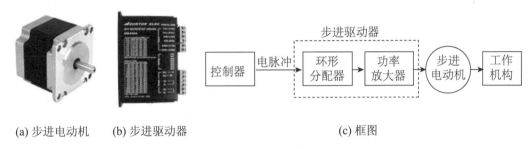

(a) 步进电动机　　　(b) 步进驱动器　　　　　　　(c) 框图

图3.10　步进电动机与步进驱动器

5. 型号选择

步进电动机的型号是依据步距角、静转矩和电流三大要素来选择的。

步距角取决于负载精度的要求，将负载的最小分辨率（当量）换算到电动机轴上，每个当量电动机应走多少角度（包括减速），电动机的步距角应小于或等于此角度。

静转矩选择的依据是电动机工作的负载，而负载分为惯性负载和摩擦负载两种。直接启动时（一般由低度）时两种负载都要考虑，加速启动时主要考虑惯性负载，恒速运行时只考虑摩擦负载。一般情况下，静转矩应为摩擦负载的2~3倍。静转矩相同的电动机，由于电流参数不同，其运动特性差别较大，可依据矩频特性曲线图来判断电动机的电流。

3.2.2　伺服电动机

伺服电动机是在伺服控制系统中控制机械元件运转的发动机，它可以将电压信号转化为转矩和转速以驱动控制对象。

在工业机器人系统中，伺服电动机用作执行元件，把所收到的电信号转换成电动机轴上的角位移或角速度输出，分为直流和交流伺服电动机两大类。

●伺服电机和制动器

目前大部分工业机器人操作机的每个关节均采用一个交流伺服电动机驱动。

本书若没特别指出，伺服电动机一般指交流伺服电动机。

1. 基本结构

目前，工业机器人采用的伺服电动机一般为同步型交流伺服电机，其电机本体为永磁同步电机。

永磁同步电机由定子和转子两部分构成，如图3.11所示。定子主要包括电枢铁心和三相（或多相）对称电枢绕组，绕组嵌放在铁心的槽中；转子由永磁体、导磁轭和转轴构成。永磁体贴在导磁轭上，导磁轭为圆筒形，套在转轴上；当转子的直径较小时，可以直接把永磁体贴在导磁轴上。转子同轴连接有位置传感器和速度传感器，用于检测转子磁极相对于定子绕组的相对位置及转子转速。

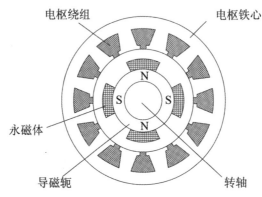

图3.11　同步型交流伺服电机

2. 工作原理

当永磁同步电机的电枢绕组中通过对称的三相电流时，定子将产生一个以同步转速推移的旋转磁场。在稳态情况下，转子的转速恒为磁场的同步转速。于是，定子旋转磁场与转子的永磁体产生的主极磁场保持静止，它们之间相互作用，产生电磁转矩，拖动转子旋转，进行电机能量转换。当负载发生变化时，转子的瞬时转速就会发生变化，这时，如果通过检测传感器检测转子的速度和位置，根据转子永磁体磁场的位置，利用逆变器控制定子绕组中的电流大小、相位和频率，便会产生连续的转矩作用在转子上，这就是闭环控制的永磁同步电机工作原理。

根据电机具体结构、驱动电流波形和控制方式的不同，永磁同步电机具有两种驱动模式：一种是方波电流驱动的永磁同步电机；另一种是正弦波电流驱动的永磁同步电机。前者又称为无刷直流电机，后者又称为永磁同步交流伺服电机。

3. 特点

交流伺服电动机具有转动惯量小，动态响应好，能在较宽的速度范围内保持理想的转矩，结构简单，运行可靠等优点。一般相同体积下，交流电动机的输出功率可比直流电动机高出10%~70%，且交流电动机的容量比直流电动机的大，可达到更高的转速和电压。目前在机器人系统中90%的系统采用交流伺服电动机。

4. 伺服驱动器

伺服驱动器又称**伺服控制器**、**伺服放大器**，是用来控制伺服电动机的一种控制器，如图3.12所示。

图3.12　伺服电动机与伺服驱动器

伺服驱动器一般是通过位置、速度和转矩3种方式对伺服电动机进行控制，实现高精度的传动系统定位。

➢ **位置控制**

一般是通过输入脉冲的个数来确定转动的角度。

➢ **速度控制**

通过外部模拟量（电压）的输入或脉冲频率来控制转速。

➢ **转矩控制**

通过模拟量（电压）的输入或直接地址的赋值来控制输出转矩的大小。

5. 典型产品

工业机器人行业使用的交流伺服电动机品牌众多，比如日本的安川、松下、三菱、富士、三洋、日立，欧洲的西门子、博世力士乐、施耐德、ABB、Lenze，美国的Kollmorgen、Baldor以及国内的台达、东元等。下面介绍两款常用的交流伺服电动机：安川Σ-7系列中的SGM7J-02AFC6S和富士SMART系列中的GYS201D5-RC2。

（1）安川SGM7J-02AFC6S。

➢ **型号**（**图**3.13）

➢ **特点**

结构紧凑、转矩大、效率高、发热低；配置高分辨率24 bit编码器；通过安川独创的"免调整功能"，最大可承受30倍负载不发生震动，即使运行中负载发生变化，也能够稳定运行；安装了温度传感器，通过传感器直接监视产品的温度状态，能够及早发现异常并防止故障发生。

（2）富士GYS201D5-RC2。

➤ **型号(图3.14)**

SGM71	-	02	A	F	C	6	S

中惯性
小容量

第1+2位　第3位　第4位　第5位　第6位　第7位

第1+2位 额定输出

符号	规格
A5	50 W
01	100 W
C2	150 W
02	200 W
04	400 W
06	600 W
08	750 W

第3位 电源电压

符号	规格
A	AC 200 V
D	AC 400 V

第4位 串行编码器

符号	规格
7	24位绝对值型
F	24位增量型

第5位 设计顺序

符号	规格
C	标准型
E	耐环境型

第6位 轴端

符号	规格
2	直轴、无键槽
6	直轴、带键槽、带螺孔

第7位 选构建

符号	规格
1	不带选配件
B	带制动器(DC 90 V)
C	带制动器(DC 24 V)
D	带油封、带制动器(DC 90 V)
E	带油封、带制动器(DC 24 V)
S	带油封

图3.13　安川 SGM7J-02AFC6S 交流伺服电动机参数

GYS	201	D	5	-	R	C	2	-	(B)
①	②	③	④		⑤	⑥	⑦		⑧

②	额定输出	①	基本型号	⑥	油封/轴端
500	$50×10^0$=50 W	GYB	中惯性型	A	无油封/直轴、带键
101	$10×10^1$=100 W	GYG	中惯性型		
201	$20×10^1$=200 W	GYS	超低惯性型	B	无油封/直轴、无键
401	$40×10^1$=400 W	③	额定转速	C	无油封/直轴、带键/带丝锥
501	$50×10^1$=500 W	D	3 000 r/min 系列		
751	$75×10^1$=750 W	C	2 000 r/min系列	E	带油封/直轴、带键
851	$85×10^1$=850 W	B	1 500 r/min系列	F	带油封/直轴、无键
102	$10×10^2$=1 000 W	④	开发顺序	G	带油封/直轴、带键/带丝锥
132	$13×10^2$=1 300 W	5	5	⑦	输入电压
152	$15×10^2$=1 500 W	6	6	2	三相200 V
202	$20×10^2$=2 000 W	⑤	编码器	⑧	制动器
		H	ABS/INC(18位)	无显示	无
		R	INC(20位)		
		T	INC(17位)	B	带

图3.14　富士GYS201D5-RC2 型号

➤**特点**

①适用范围广泛：即使刚性低也很难发生谐振，且能提高响应性，抗冲击负载性能强。

② 稳定性出众：即使刚性发生变化或装置的刚性存在差异，电机也不会发生振荡，能保持稳定运行。

3.2.3 制动器

大部分工业机器人的机械臂在各关节处都有制动器，通常是**安装在伺服电动机内，其作用是：当机器人停止工作时，保持机械臂的位置不变；当电源发生故障时，保持机械臂和它周边的物体不发生碰撞**。常用的是电磁制动器，如图3.15所示。

图3.15　电磁制动器

机器人中的齿轮、谐波减速器和滚珠丝杆等元件的质量较好，一般其摩擦力都很小，在驱动器停止工作的时候，它们是不能承受负载的。如果不采用制动装置，一旦电源关闭，机器人的各个部件就会在重力的作用下滑落。

制动器通常是按失效抱闸方式工作的，要想放松制动器就必须接通电源，否则各关节不能产生相对运动。它的主要目的是在电源出现故障时起保护作用。为了使关节定位准确，制动器必须有足够的定位精度。

3.3　传动装置

当驱动装置的性能要求不能与机械结构系统直接相连时，则需要通过传动装置进行间接驱动。**传动装置的作用是将驱动装置的运动传递到关节和动作部位，并使其运动性能符合实际运动的需求，以达到规定的作业**。工业机器人中驱动装置的受控运动必须通过传动装置带动机械臂产生运动，以确保末端执行器所要求的位置、姿态和实现其运动。

常用的工业机器人传动装置有减速器、同步带传动和线性模组，如图3.16所示。

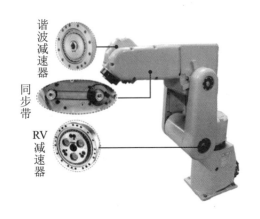

(a) 减速器与同步带传动　　　　　　　　　　(b) 线性模组

图3.16　工业机器人的传动装置

3.3.1　减速器

目前工业机器人的机械传动装置应用最广泛的是减速器，但与通用的减速器要求有所不同，机器人所用的减速器应具有功率大、传动链短、体积小、质量轻和易于控制等特点。

对于关节机器人上采用的减速器主要有两类：谐波减速器和RV减速器。

精密的减速器能使机器人伺服电动机在一个合适的速度下运转，并精确地将转速调整到工业机器人各部位所需要的速度，提高了机械本体的刚性并输出更大的转矩。

1. 谐波减速器

（1）基本结构。

谐波减速器主要由波发生器、柔性齿轮和刚性齿轮3个基本构件组成，如图3.17所示。

●谐波减速器

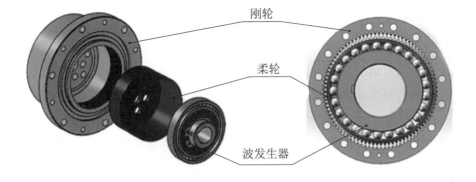

图3.17　谐波减速器的结构原理

刚性齿轮简称**刚轮**，由铸钢45或40Cr制成，刚性好且不会产生变形，带有内齿圈。

柔性齿轮简称**柔轮**，是一个薄钢板弯成的圆环，一般由合金钢制成，工作时可产生径向弹性变形并带有外齿，且外齿的齿数比刚轮内齿数少。

波发生器是装在柔轮内部，呈椭圆形，外圈带有柔性滚动轴承。

柔性齿轮和刚性齿轮的齿形分为直线三角齿形和渐开线齿形两种，其中渐开线齿形应用得较多。

波发生器、柔轮和刚轮三者可任意固定一个，其余两个就可以作为主动件和从动件。**作为减速器使用，通常采用波发生器主动、刚轮固定而柔轮输出的形式。**

（2）工作原理。

当波发生器装入柔轮后，迫使柔轮的剖面由原来的圆形变成椭圆形，其长轴两端附近的齿与刚轮的齿完全啮合，而短轴两端附近的齿则与刚轮完全脱开，周长上其他区段的齿处于啮合和脱离的过渡状态。当波发生器沿某一方向连续转动时，会把柔轮上的外齿压到刚轮内齿圈的齿槽中去，由于外齿数少于内齿数，所以每转过一圈，柔轮与刚轮之间就产生了相对运动。在转动过程中柔轮产生的弹性波形类似于谐波，故称为谐波减速器。

（3）特点。

谐波减速器传动比特别大，单级的传动比可达到50~4 000；整体结构小，传动紧凑；柔轮和刚轮的齿侧间隙小且可调，可实现无侧隙的高精度啮合；由于柔轮与刚轮之间是面接触，而且同时接触的齿数比较多，齿的相对滑动速度就比较小，承载能力高的同时还保证了传动效率高，可达到92%~96%；轮齿啮合周速低，传递运动力量平衡，因此运转安静，且振动极小。

但是谐波减速器存在回差，即空载和负载状态下的转角不同，由于输出轴的刚度不够大，而造成负载卸荷后有一定的回弹。基于这个原因，一般使用谐波减速器时，尽可能地靠近末端执行器，**用在小臂、腕部或手部等轻负载位置**（主要用于20 kg以下的机器人关节），如图3.18所示，应避免距离半径太大，否则一点点转角就会产生很大的位置误差。

图3.18 谐波减速器

（4）典型产品。

日本哈默纳科（Harmonic Drive）公司的谐波减速器在减速器领域中占据绝对优势，工业机器人行业大部分用的谐波减速器都是该公司生产的。尽管与日本产品在输入转速、传动精度、传动效率等方面存在较大差距，但国内已有可替代产品，如北京谐波传动技术研究所、苏州绿的谐波传动科技有限公司、北京中技克美谐波传动股份有限公司等公司的产品。下面介绍Harmonic Drive公司一款CSG系列的谐波减速器CSG-25-100-2A-GR-SP，如图3.19所示。

➢ 型号（图3.19）

$$\underset{①}{\underline{\text{CSG}}} - \underset{②}{\underline{25}} - \underset{③}{\underline{100}} - \underset{④}{\underline{\text{2A}}} - \underset{}{\underline{\text{GR}}} - \underset{⑤}{\underline{\text{SP}}}$$

①机型名称：CSF=G系列；

②型号：14、17、20、25、32、40、45、50、58、65

③减速比：50、80、100、120、160

④型号：2A-GR是组件型（型号14、17为2A-R）；2UH是组合型。

⑤特殊规格（标准品不标）

图3.19　CSG-25-100-2A-GR-SP 减速器

2. RV减速器

（1）基本结构。

RV减速器由第一级渐开线圆柱齿轮行星减速机构和第二级摆线针轮行星减速机构两部分组成，是一封闭差动轮系。

RV减速器主要由太阳轮（中心轮）、行星轮、转臂（曲柄轴）、摆线轮（RV齿轮）、针轮、刚性盘与输出盘等零件组成，结构示意图如图3.20所示。

●RV减速器

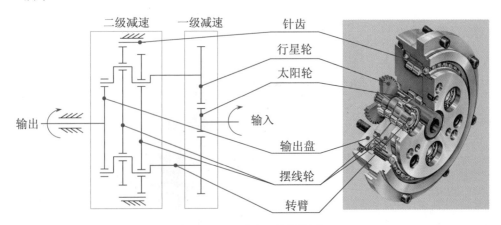

图3.20　RV减速器的结构原理

① **太阳轮（中心轮）**：它与输入轴相接，负责传输电动机的输入功率。与其所啮合的齿轮均为渐开线行星轮。

② **行星轮**：它与转臂固联，3个行星轮均匀地分布在一个圆周上，起到功率分流作用，即将输入功率分成3路传递给摆线针轮行星机构。

③ **转臂（曲柄轴）**：转臂是摆线轮的旋转轴。它的一端与行星轮相连，另一端与支撑圆盘相连，可以带动摆线轮产生公转，而且又支撑着摆线轮产生自转。

④ **摆线轮（RV齿轮）**：为了实现径向力的平衡，在该传动机构中，一般应采用两个完全相同的摆线轮，分别安装在曲柄轴上，且两摆线轮的偏心位置相互成180°对称。

⑤ **针轮**：针轮与机架固定在一起，而成为一个针轮壳体，针轮上有一定数量的针齿。

⑥ **刚性盘与输出盘**：输出盘是RV传动机构与外界从动工作机相互连接的构件，输出盘与刚性盘相互连接成为一个整体而输出运动或动力。在刚性盘上均匀分布着3个转臂的轴承孔，而转臂的输出端借助于轴承安装在这个刚性盘上。

（2）工作原理。

如图3.20所示，主动的太阳轮通过输入轴与执行电动机的旋转中心轴相连，如果渐开线太阳轮顺时针旋转，它将带动3个呈120°布置的行星轮在公转的同时还有逆时针方向自转，进行第一级减速，并通过转臂带动摆线轮做偏心运动；3个曲柄轴与行星轮相固联而同速转动，带动铰接在3个曲柄轴上的两个相位差为180°的摆线轮，使摆线轮公转，同时由于摆线轮与固定的针轮相啮合，在其公转过程中会受到针轮的作用力而形成与摆线轮公转方向相反的力矩，进而使摆线轮产生自转运动，完成第二级减速。输出机构（即行星架）由装在其上的3对曲柄轴支撑轴承来推动，把摆线轮上的自转矢量等速传递给刚性盘和输出盘。

（3）特点。

RV减速器的基本特点有：传动比范围大，结构紧凑，输出机构采用两端支撑的行

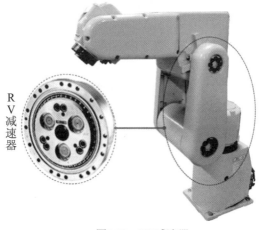

R V 减 速 器

图3.21　RV减速器

星架，用行星架左端的刚性盘输出，刚性盘与工作机构用螺栓连接，故刚性大，抗冲击性能好；只要设计合理，制造装配精度保证，就可获得高精度和小间隙回差；除了针轮齿销支撑部件外，其余部件均为滚动轴承进行支撑，所以传动效率高；采用两级减速机构，低速级的针摆传动公转速度减小，传动更加平稳，转臂轴承个数增多，且内外环相对转速下降，可提高其使用寿命。

与谐波减速器相比，RV减速器具有较高的疲劳强度、刚度及较长的寿命，而且回差精度稳定，不像谐波传动，随着使用时间的增长，运动精度就显著降低，故高精度机器人传动多采用RV减速器。

RV减速器一般放置在机器人的基座、腰部、大臂等重负载位置，主要用于20 kg以上的机器人关节，如图3.21所示。

（4）典型产品。

RV减速器的供应商主要是日本的纳博特斯克（Nabtesco）公司，如图3.22所示。

➢ 型号（图3.22）

<u>**RV – 80 E – 121 – A – B**</u>
①　　②③　　④　　⑤　⑥

①机型名称　　　③特殊构件：E表示主轴承内置型
②型号　　　　　④减速比:57、81、101、121、153
　　　　　　　　⑤输入齿轮、输入花键形状

型号	额定输出转矩/(kgf·m)
6	6
20	17
40	42
80	80
110	110
160	160
320	320
450	450

编号	规格
A	标准尺寸产品(细轴型)
B	标准尺寸产品(粗轴型)
Z	特殊(无)

⑥B表示输出轴螺栓连接型
　P表示输出轴针齿并用连接型

图3.22　RV-80E-121-A-B 型号

3.3.2　同步带传动

带传动是利用张紧在带轮上的柔性带进行运动或动力传递的一种机械传动，用于传递平行轴之间的回转运动，或把回转运动转换成直线运动。

根据工作原理的不同，带传动可分为**摩擦带传动**和**啮合带传动**两类。

摩擦带传动是依靠带与带轮之间的摩擦力传递运动的，按带的横截面形状的不同可分为4种类型：平带、V带、圆形带和多楔形带，如图3.23所示。

● 同步带传动和线性模组

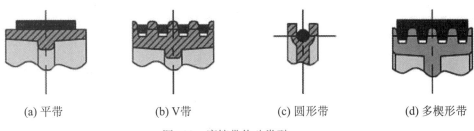

(a) 平带   (b) V带   (c) 圆形带   (d) 多楔形带

图3.23 摩擦带传动类型

啮合带传动通常指同步带传动，是依靠带与带轮上的齿相互啮合来传递运动的。

1.结构原理

同步带传动通常由主动轮、从动轮和张紧在两轮上的环形同步带组成，如图3.24所示。

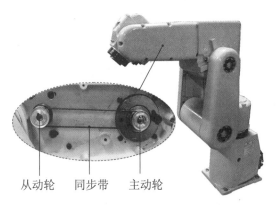

从动轮 同步带 主动轮

图3.24 同步带传动的结构原理

同步带的工作面齿形有两种：梯形齿和圆弧齿，带轮的轮缘表面也做成相应的齿形，运行时，带齿与带轮的齿槽相啮合传递运动和动力。同步带一般采用氯丁橡胶作为基材，并在中间加入玻璃纤维等伸缩刚性大的材料，齿面上覆盖耐磨性好的尼龙布。

2. 特点

（1）同步带受载后变形极小，带与带轮之间是靠齿啮合传动，故无相对滑动，传动比恒定、准确，可用于定位。

（2）同步带薄且轻，可用于速度较高的场合，传动时线速度可达40 m/s，传动比可达10，传动效率可达98%。

（3）结构紧凑，耐磨性好，传动平稳，能吸振，噪声小。

（4）由于预拉力小，承载能力也较小，被动轴的轴承不宜过载。

（5）制造和安装精度要求高，必须有严格的中心距，故成本较高。

由于同步带传动惯性小，且有一定的刚度，所以适合于机器人高速运动的轻载关节，图3.24所示就是这种情况。

3.3.3 线性模组

线性模组是一种直线传动装置，主要有两种方式：一种由滚珠丝杠和直线导轨组成，另一种是由同步带及同步带轮组成。

线性模组常用于直角坐标机器人中，用来完成运动轴相应的直线运动，如图3.25所示。

1. 滚珠丝杠型

（1）基本结构。

滚珠丝杠型线性模组主要由滚珠丝杠、直线导轨、轴承座等部分组成，如图3.26所示。

滚珠丝杠是将回转运动转化为直线运动，或将直线运动转化为回转运动的理想的产品，由丝杠、螺母、滚珠和导向槽组成，如图3.27所示，在丝杠和螺母上加工有弧形螺旋导向槽，当它们套装在一起时便形成螺旋滚道，并在滚道内装满滚珠。而螺母是安装在滑块上的。直线导轨由滑块和导轨组成，其中导轨的材料一般是铝合金型材。轴承座的作用是支撑丝杠。有的模组是自身带有驱动装置（如电机），用驱动座固定，而有的模组自身不带驱动装置，需要额外的驱动设备通过传动轴来驱动丝杠。

图3.25 哈工海渡直角坐标机器人中的同步带型线性模组

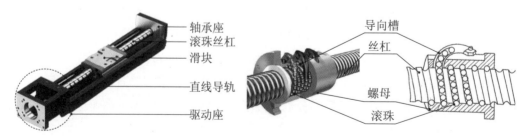

图3.26 滚珠丝杠型线性模组基本组成

图3.27 滚珠丝杠的基本组成

（2）工作原理。

当丝杠转动时，带动滚珠沿螺旋滚道滚动，迫使二者发生轴向相时运动，带动滑块沿导轨实现直线运动。为避免滚珠从螺母中掉出，在螺母的螺旋槽两端设有回程引导装置，使滚珠能循环地返回滚道，丝杠与螺母之间构成一个闭合回路。

（3）特点。

滚珠丝杠型线性模组具有以下特点：

① 高刚性、高精度。由于滚珠丝杠副可进行预紧并消除间隙，因而模组的轴向刚度高，反向时无空行程（死区），重复定位精度高。

② 高效率。由于丝杠与螺母之间是滚动摩擦，摩擦损失小，一般传动效率可达92%~96%。

③ 体积小，质量轻，易安装，维护简单。

2. 同步带型

（1）基本结构。

同步带型直线模组主要由同步带、驱动座、支撑座和直线导轨等组成，如图3.28所示。

模组的同步带与同步带传动的结构相似，驱动座的带轮是主动轮，驱动模组直线运动，而支撑座的带轮是从动轮，是张紧装置。直线导轨结构与滚珠丝杠型线性模组类似，区别是它的滑块是固定在同步带上的。

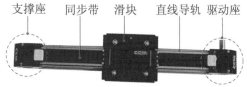

支撑座　同步带　滑块　　直线导轨　驱动座

图3.28　同步带型线性模组基本组成

（2）工作原理。

同步带安装在直线模组两侧的传动轴上，在同步带上固定一块用于增加设备工件的滑块。当驱动座输入运动时，通过带动同步带而使滑块运动。通常同步带型直线模组经过特定的设计，在支撑座可以控制同步带运动的松紧，方便设备在生产过程中的调试。

3.4　传感器

传感器是一种以一定精度将被测量（如位移、力、速度等）转换为与之有确定对应关系、易于精确处理和测量的某种物理量（如电信号）的检测部件或装置。

传感器是机器人获取信息的窗口，相当于人类的五官。它既能把非电量变换为电量，也能实现电量之间或非电量之间的相互转换。

传感器一般由敏感元件、转换元件和信号调理电路3部分组成。

敏感元件能直接感受或响应被测量，功能是将某种不便测量的物理量转换成易于测量的物理量；转换元件能将敏感元件感受或响应的被测量转换为适于传输或测量的电信号；敏感元件和转换元件一起构成传感器的结构部分，而信号调理电路是将转换元件输出的易测量的小信号进行处理变换，使传感器的信号输出符合具体系统的要求。

传感器一般分为两大类：内部传感器和外部传感器。

内部传感器是检测工业机器人各部分内部状态的传感器；外部传感器用于检测对象情况及机器人与外界的关系，从而使机器人动作能适应外界状况。

3.4.1　内部传感器

内部传感器是用来确定机器人在其自身坐标系内的姿态位置，如位移传感器、速度传感器和加速度传感器等。

1. 位移传感器

常用的位移传感器有两种：**电位计**和**编码器**。

➤ 电位计

电位计是典型的接触式位移传感器，它由一个绕线电阻（或薄膜电阻）和一个滑动触头组成。其中滑动触头通过机械装置接受被检测量的控制。当被检测的位置量发生变化时，滑动触头也发生位移，改变了滑动触头与电位计各端之间的电阻值和输出电压值，根据此电压值的变化，可以检测出机器人各关节的位置和位移量。

常用的电位计有两种：直线式电位计和旋转式电位计。前者是用于检测直线移动，后者用于检测角位移。

➤ 编码器

编码器是一种应用广泛的位移传感器，其分辨率完全能满足机器人的技术要求，如图3.29所示。

编码器分类如下。

（1）绝对式编码器和增量式编码器。

按照测出的信号形式，编码器可分为**绝对式**和**增量式**两类。

目前已出现混合式编码器，使用这种编码器时，用绝对式确定初始位置；而在确定由初始位置开始的变动角的精确位置时，则用增量式编码器。

① 绝对式光电编码器。

图3.29　编码器

绝对式光电编码器是一种直接编码式的测量元件，它可以直接把被测转角或位移转换成相应的代码，指示的是绝对位置而无绝对误差。

a.基本组成。绝对式光电编码器通常由3个主要元件构成：**多路光源、光敏元件和光电码盘**，如图3.30所示。

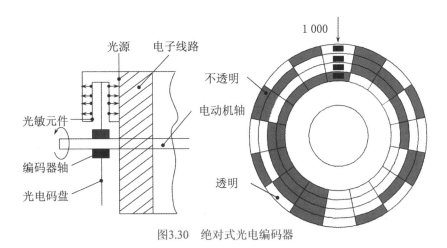

图3.30　绝对式光电编码器

多路光源是一个由n个LED组成的线性阵列，其发射的光与盘垂直，并由盘反面对应的两个光敏晶体管构成的线性阵列接收；光电码盘上设置n条同心圆环带（又称码道），并将圆盘分成若干等分的径向扇形面，以一定的编码形式（如二进制编码等）将环带刻成透明和不透明的区域。

b.工作原理。当光线透过码盘的透明区域时，使光敏元件导通，产生低电平信号，代表二进制的"0"；不透明的区域代表二进制的"1"。当某一个径向扇形面处于光源和光传感器的位置时，光敏元件即接收到相应的光信号，相应地得出码盘所处的角度位置。4码道16扇形面的纯二进制码盘如图3.30所示，该盘的分辨率为$360°/24=22.5°$，图中所示的二进制编码为1 000，即十进制的8。绝对式编码器对于转轴的每个位置均产生唯一的二进制编码，因此，通过读出光电编码器输出，可知道码盘的绝对位置。

c.特点。在系统电源中断时，绝对式编码器会记录发生中断的地点，当电源恢复时把记录情况传递给系统，这样不会失去位置信息，虽然机器人的电源中断导致旋转部件的位置移动，但校准仍保持。

② 增量式光电编码器。

增量式光电编码器的码盘有3个同心光栅环带，分别称为A相、B相和C相光栅，如图3.31（a）所示。A相光栅与B相光栅分别间隔有相等的透明或不透明区域用于透光和遮光，A相和B相在码盘上相互错开半个区域。

当码盘以图示顺时针方向旋转时，A相光栅先于B相透光导通，A相和B相光敏元件接受时断时续的光。A相超前B相90°的相位角（1/4周期），产生了近似正弦的信号，如图3.31(b)所示。这些信号放大整形后成为脉冲数字信号。

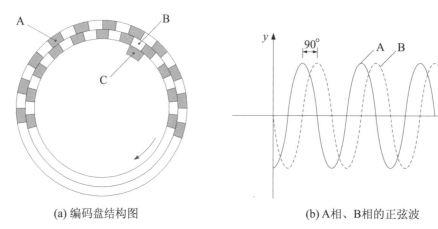

(a) 编码盘结构图　　　　　　　　(b) A相、B相的正弦波

图3.31　增量式光电编码器

根据A相、B相任何一光栅输出脉冲数的大小就可以确定码盘的相对转角；根据输出脉冲的频率可以确定码盘的转速；采用适当的逻辑电路，根据A相、B相输出脉冲的相序就可以确定码盘的旋转方向。A、B两相光栅为工作信号，C相为标志信号，码盘每旋转一周，标志信号发出一个脉冲，它用来作为同步信号。

在机器人的关节转轴上装有增量式光电编码器，可测量出转轴的相对位置，但不能确定机器人转轴的绝对位置，所以这种光电编码器一般用于喷涂、搬运及码垛机器人等。

(2)光电式、接触式、电磁式编码器。

按照检测方法、结构及信号转化方式的不同，编码器可分为**光电式**、**接触式**、**电磁式**等。目前较为常用的是光电式编码器。

(3)直线编码器和旋转编码器。

目前工业机器人中应用最多的是**旋转编码器（又称回转编码器）**，**一般是装在机器人各关节的伺服电动机内**，用来测量各关节转轴转过的角位移。它把连续输入的轴的旋转角度同时进行离散化（样本化）和量化处理后予以输出。

如果不用圆形转盘（码盘）而是采用一个轴向移动的板状编码器，则称为直线编码器，用于测量直线位移。

本书若没有特别指出，编码器通常指旋转编码器。

2. 速度传感器

速度传感器用于测量平移和旋转运动的速度。由于在工业机器人中主要测量关节的运行速度，本节仅介绍角速度传感器。

目前广泛使用的角速度传感器有两种：测速发电机和增量式光电编码器。下面仅介绍测速发电机。

➤ 测速发电机

测速发电机是一种基于发电机原理的模拟式速度传感器，如图3.32所示。

图3.32 测速发电机

按其结构的不同，测速发电机分为直流测速发电机和交流测速发电机。

测速发电机的作用是将机械速度转换为电气信号，将其转子与机器人关节伺服电动机相连，就能测量机器人运动过程中的关节转动速度。

3. 力觉传感器

力觉传感器是用来检测机器人自身力与外部环境力之间相互作用力的传感器，如图3.33所示。工业机器人在进行装配、搬运等作业时需要对工作力或力矩进行控制。例如，装配时需完成将轴类零件插入孔里、调准零件的位置、拧紧螺钉等一系列步骤，在拧紧螺钉过程中需要有确定的拧紧力矩。

图3.33 力觉传感器

力觉传感器经常装于机器人关节处，通过检测弹性体变形来间接测量所受力。目前使用最广泛的是六维力觉传感器，它能同时获取三维空间的三维力和力矩信息，广泛应用于力/位置控制、轴孔配合、轮廓跟踪和双机器人协调等机器人控制领域。

3.4.2 外部传感器

外部传感器用于机器人本身相对其周围环境的定位，检测机器人所处环境及目标状况，如是什么物体、离物体的距离有多远、碰撞检测等，从而使机器人能够与环境发生交互作用并对环境具有自我校正

●外部传感器

和适应能力。

机器人的外部传感器有触觉传感器、听觉传感器和视觉传感器等，见表3.6。

表3.6 外部传感器

名　称	实物图
触觉传感器	
听觉传感器	
视觉传感器	

1.触觉传感器

机器人触觉的原型是模仿人的触觉功能，是有关机器人和物体之间直接接触的感觉。机器人通过触觉传感器与被识别物体相接触或相互作用，实现对物体表面特征和物理性能的感知。

机器人触觉的主要功能有：

① **检测功能**。对操作物进行物理性质检测，如粗糙度、硬度等。

② **识别功能**。识别对象物体的形状、特征。

机器人触觉传感器一般包括检测感知和外部直接接触而产生的接触觉、接近觉、压觉和滑觉等。

➢ 接触觉传感器

接触觉传感器是用于判断机器人是否接触到外界物体或测量被接触物体特征的传感器。它一般安装在机器人的运动部件或末端执行器上，用来判断机器人部件是否和对象发生了接触。接触觉是通过与物体接触而产生的，所以最好采用多个接触传感器组成的触觉传感器阵列，通过对阵列式触觉传感器信号的处理，达到对接触物体的最佳辨识。

机器人接触觉传感器的主要作用有：感知手指与物体间的作用力，确保手指动作力度适当；识别物体的大小、形状、质量及硬度等；保障安全，防止机器人碰撞障碍物。

➤ **接近觉传感器**

接近觉传感器是机器人用来探测其自身与周围物体之间相对位置或距离的一种传感器，可以检测物体表面的距离、斜度和表面状态等。接近觉传感器主要感知传感器与物体之间的接近程度，用于粗略的距离检测。传感器距离物体越近，定位越精确。接近觉传感器属于非接触性传感器，可用以感知对象位置。

接近觉传感器在机器人中主要有两个用途：避障和防止冲击。比如绕开障碍物和抓取物体时实现柔性接触。

➤ **压觉传感器**

压觉传感器通常安装在机器人的手爪上，是一种可以在把持物体时检测到物体同手爪间产生的压力及其分布情况的传感器。检测这些量最有效的检测方法是使用压电元件组成的压电传感器。

目前的压觉传感器主要是分布式压觉传感器，即通过把分散的敏感元件排列成矩阵式单元来设计。

➤ **滑觉传感器**

滑觉传感器是检测垂直加压方向的力和位移的传感器。它可以检测垂直于握持方向物体的位移、旋转及由重力引起的变形，用来检测机器人与抓握对象间滑移的程度，以达到修正受力值、防止滑动、进行多层次作业及测量物体质量和表面特性等目的。

滑觉传感器一般用于机器人的软抓取，末端执行器夹持力保持在能抓稳工件的最小值，防止夹持力过大而损坏工件，避免夹持力过小导致工件滑落，这就要求检测抓取物的滑动与否，确定最适当的握力大小来抓住物体。

2. 听觉传感器

听觉传感器主要用于感受和解释在气体（非接触式感受）、液体或固体（接触式感受）中的声波，其复杂程度可从简单的声波存在检测到复杂的声波频率分析和对连续自然语言中单独语音和词汇的辨识。

目前，人们已可以将人工语音感觉技术应用于机器人。在工业环境中，机器人对人发出的各种声音进行检测，执行向其发出的命令。如果是在危险时发出的声音，机器人还必须对此产生回避的行动。机器人听觉系统中的听觉传感器基本形态与麦克风相同，这方面的技术目前已经非常成熟。过去使用基于各种原理的麦克风，现在则已经变成了小型、廉价且具有高性能的驻极体电容传声器。

3. 视觉传感器

视觉传感器是指利用光学元件和成像装置获取外部环境图像信息的仪器，通常用图像分辨率来描述视觉传感器的性能，其相关介绍见6.3节。

　　第一代工业机器人绝大部分都没有外部传感器。但是，对于新一代工业机器人，则要求其具有自校正能力和反映环境不断变化的能力，现在已有越来越多的新型工业机器人具备各种外部传感器。

本章小结

　　工业机器人的操作机主要由机械臂、驱动装置、传动装置和内部传感器等部分组成，是机器人的机械本体，它的功能是按照规定的作业要求执行各种作业动作。

　　六轴垂直多关节机器人的机械臂主要包括基座、腰部、手臂和手腕4部分，而四轴垂直机器人是六轴机器人的一种简化；SCARA机器人的机械臂主要包括基座、大臂和小臂3部分；直角坐标机器人的3个机械臂分为x轴、y轴和z轴；DELTA机器人的机械臂是由静平台、主动臂、从动臂和动平台4部分组成。

　　驱动装置是指机械臂运动的动力装置，它的作用是提供工业机器人各部位动作的原动力，相当于人体的肌肉。工业机器人大多数采用电动驱动，主要有步进电动机和伺服电动机两类。

　　常用的工业机器人传动装置有减速器、同步带传动和线性模组。

　　传感器是机器人获取信息的窗口，相当于人类的五官，是用于感知某种信息的器件。工业机器人中应用最广泛的传感器是旋转编码器。

思考题

　　1. 工业机器人的操作机主要由哪几部分组成？

　　2. 六轴垂直多关节机器人的机械臂主要包括哪些部分？

　　3. 四大家族对六轴垂直多关节机器人本体轴的定义相同吗？有什么区别？

　　4. SCARA机器人的机械臂是由哪几个部分组成的？

　　5. DELTA机器人的机械臂是由哪几个部分组成的？

　　6. 说明交流伺服电动机的工作原理。

　　7. 机器人没有制动器行不行？制动器的作用是什么？

　　8. 用于关节机器人上的减速器主要有哪几类？各自的特点是什么？

　　9. 滚珠丝杠型线性模组的基本结构和工作原理是什么？

　　10. 编码器可以分成哪几类？

　　11. 分别说明绝对式和增量式光电编码器的工作原理。

第4章 控 制 器

工业机器人控制器是根据机器人的作业指令程序以及传感器反馈回来的信号，支配操作机完成规定运动和功能的装置。它是机器人的关键和核心部分，类似于人的大脑，通过各种控制电路中硬件和软件的结合来操作机器人，并协调机器人与周边设备的关系。

学习目标

1. 了解工业机器人控制系统的基本结构和构成方案。

2. 掌握工业机器人控制器的基本组成。

3. 了解四大家族工业机器人的控制器。

4. 了解工业机器人控制器的基本功能和分类。

5. 熟悉工业机器人控制器具体的工作过程。

4.1 控制系统

4.1.1 基本结构

●控制系统
（1）

一个典型的机器人控制系统主要由**上位计算机、运动控制器、驱动器、电动机、执行机构和反馈装置**构成，如图4.1所示。

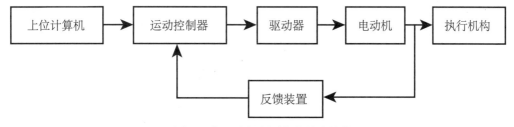

图4.1 机器人控制系统的基本结构

4.1.2 构成方案

一般地，工业机器人控制系统基本结构的构成方案有3种：**基于PLC的运动控制、基于PC和运动控制卡的运动控制及纯PC控制**。

1.基于PLC的运动控制

PLC进行运动控制有两种，如图4.2所示。

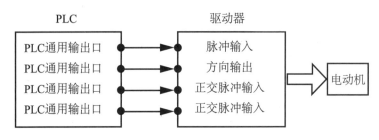

图4.2　基于PLC的运动控制

（1）使用PLC的特定输出端口输出脉冲驱动电动机，同时使用高速脉冲输入端口来实现电动机的闭环位置控制。

（2）使用PLC外部扩展的位置模块来进行电动机的闭环位置控制。

2. 基于PC和运动控制卡的运动控制

运动控制器以运动控制卡为主，工控PC只提供插补运算和运动指令。运动控制卡完成速度控制和位置控制。如图4.3所示。

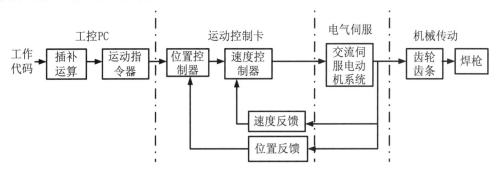

图4.3　基于PC和运动控制卡的运动控制

3. 纯PC控制

图4.4为完全采用PC控制的全软件形式机器人系统。在高性能工业PC和嵌入式PC（配备专为工业应用而开发的主板）的硬件平台上，可通过软件程序实现PLC和运动控制等功能，实现机器人需要的逻辑控制和运动控制。

●控制系统
(2)

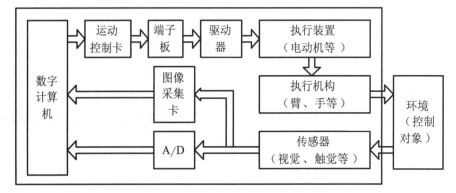

图4.4　纯PC控制

通过高速的工业总线进行PC与驱动器的实时通信，能显著地提高机器人的生产效率和灵活性，但同时也大大提高了开发难度，延长了开发周期。由于其结构的先进性，现在大部分工业机器人都采用这种控制方式。

随着芯片集成技术和计算机总线技术的发展，专用运动控制芯片和运动控制卡越来越多地作为机器人的运动控制器。这两种形式的伺服运动控制器控制方便灵活，成本低，都以通用PC为平台，借助PC的强大功能来实现机器人的运动控制。前者利用专用运动控制芯片与PC总线组成简单的电路来实现；后者直接做成专用的运动控制卡。这两种形式的运动控制器内部都集成了机器人运动控制所需的许多功能，有专用的开发指令，所有的控制参数都可由程序设定，使机器人的控制变得简单，易实现。

运动控制器都从主机（PC）接受控制命令，从位置传感器接受位置信息，向伺服电动机功率驱动电路输出运动命令。对于伺服电动机位置闭环系统来说，运动控制器主要完成了位置环的作用，可称为数字伺服运动控制器，适用于包括机器人和数控机床在内的一切交、直流和步进电动机伺服控制系统。

专用运动控制器的使用使原来由主机完成的大部分计算工作改由运动控制器内的芯片来完成，使控制系统硬件设计简单，与主机之间的数据通信量减少，解决了通信中的瓶颈问题，提高了系统效率。

4.2 控 制 器

一般六轴工业机器人控制系统的组成如图4.5所示。其中核心部件是控制器，它将图4.1中的上位计算机、运动控制器和驱动器等集成在同一个箱体中。

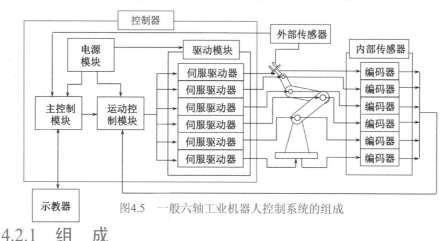

图4.5 一般六轴工业机器人控制系统的组成

4.2.1 组 成

按功能作用的不同，控制器主要分为6个部分：**主控制模块、运动控制模块、驱动模块、通信模块、电源模块和辅助单元**。以ABB IRC5标准型控制器为例，如图4.6所示，说明其组成部分及功能。

●控制器组成

主控制模块

电源模块

运动控制模块
（被蓝色线套遮挡）

驱动模块

图4.6　ABB IRC5标准型控制器及其组成

1.主控制模块

主控制模块包括微处理器及其外围电路、存储器、控制电路、I/O接口、以太网接口等，如图4.7所示。它用于整体系统的控制、示教器的显示、操作键管理、插补运算等，进行相关数据处理与交换，实现对机器人各个关节的运动以及机器人与外界环境的信息交换，是整个机器人系统的纽带，协调着整个系统的运作。

2.运动控制模块

运动控制模块又称**轴控制模块**，如图4.8所示，主要负责主控制模块的数据和伺服反馈的数据处理，将处理后的数据传送给驱动模块，控制机器人关节动作。运动控制模块是驱动模块的大脑。

图4.7　主控制模块　　　　　　　　　　　图4.8　运动控制模块

3.驱动模块

驱动模块主要指伺服驱动板，如图4.9所示，它控制6个关节伺服电机，接收来自运动控制模块的控制指令，以驱动伺服电机，从而实现机器人各关节动作。

4.通信模块

通信模块的主要部分是I/O单元，如图4.10所示。它的作用是完成模块之间的信息交流或控制指令，如主控制模块与运动控制模块、运动控制模块与驱动模块、主控制模块与示教器、驱动模块与伺服电机之间的数据传输与交换等。

图4.9 驱动模块

图4.10 I/O单元

5.电源模块

电源模块主要包括系统供电单元和电源分配单元两部分，如图4.11所示，其主要作用是将220 V交流电压转化成系统所需要的合适电压，并分配给各个模块。

(a) 系统供电单元

(b) 电源分配单元

图4.11 电源模块

6. 辅助单元

辅助单元是指除了以上5个模块之外的辅助装置，包括散热的风扇和热交换器、存储电能的超大电容器、起安全保护的安全面板、操作控制面板等，如图4.12所示。

(a) 安全面板

(b) 电容

图4.12 辅助单元

各家工业机器人厂商的控制器基本组成是相似的，但有的将其中的两个或者多个模块集成在一起，比如YASKAWA的DX200控制器将运动控制模块和驱动模块集成在基本轴控制基板上，如图4.13所示；FANUC的R-30iB Mate控制器将主控制模块和运动控制模块集成在主板上，如图4.14所示。

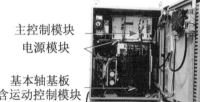

主控制模块
电源模块

基本轴基板
（含运动控制模块
和驱动模块）

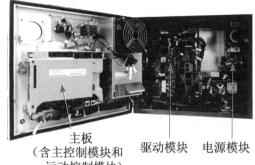

主板
（含主控制模块和
运动控制模块）

驱动模块   电源模块

图4.13   YASKAWA DX200控制器的组成   图4.14   FANUC R-30iB Mate控制器的组成

4.2.2   典型产品

●控制器典型
产品

工业机器人行业的各大厂商的控制器多种多样，外形与内部结构也有所不同。

1. ABB的IRC5紧凑型控制器(图4.15)

尺寸（高×宽×深）		310 mm×449 mm×442 mm
质量		30 kg
电气连接		220 V/230 V，50~60 Hz
防护等级		IP20
环境参数	温度	0℃～45℃
	相对湿度	最高 95%（无凝霜）

(a) 实物图   (b) 主要性能参数

图4.15   ABB的IRC5紧凑型控制器

该控制器是ABB推出的第二代IRC5紧凑型工业机器人控制器。作为IRC5控制器家族的一员，第二代IRC5C将同系列常规控制器的绝大部分功能与优势浓缩于仅310 mm×449 mm×442 mm（高×宽×深）的空间内，可谓"麻雀虽小，五脏俱全"。IRC5C比常规尺寸的IRC5要小87%，更容易集成，更节省空间，通用性也更强，同时丝毫不损伤系统性能。

新型IRC5C的操作面板采用精简设计，完成了线缆接口的改良，以增强使用的便利性和操作的直观性。例如：已预设所有信号的外部接口，并内置可扩展16路输入/16路输出I/O系统。

IRC5C虽然机身小巧，但其卓越的运动控制性能丝毫不亚于常规尺寸的控制器。IRC5C配备以TrueMove™和QuickMove™为代表的运动控制技术，为ABB机器人在精度、速度、节拍时间、可编程性及外部设备同步性等指标上展现杰出性能奠定了坚实基础。有了IRC5C，增设附加硬件与传感器（如ABB集成视觉）也变得格外轻松便捷。

2. KUKA的KR C4控制器(图4.16)

尺寸（长×高×宽）	960 mm×792 mm×558 mm
质量	150 kg
处理器	多核技术
硬盘	SSD
接口	USB3.0、G be 、DVI -I
轴数（最大）	9
电源频率	49~61 Hz
额定输入电压	AC 3×208 V~3 ×575 V
防护等级	IP54
环境温度	+5 ℃ ~ +45 ℃

(a) 实物图   (b) 主要性能参数

图4.16　KUKA的KR C4控制器

　　KR C4的革新理念为自动化的明天打下了坚实的基础。降低了自动化方面的集成、保养和维护成本，并且同时持久地提高了系统的效率和灵活性。KR C4是库卡开发的一个全新的、结构清晰且注重使用开放高效数据标准的系统架构。这个系统架构中集成的所有安全控制、机器人控制、运动控制、逻辑控制均拥有相同的数据基础和基础设施，并可以对其进行智能化使用和分享，通过中央基础服务系统实现了最大化的数据一致性，且一体化集成存储卡提供重要系统数据储存，使系统具有最高性能和灵活性。而多核处理器的支持，使其性能更具可升级性。适合未来发展、无专用硬件的技术平台。

3. FANUC的R-30iB Mate标准型控制器(图4.17)

尺寸（长×宽×高）	470 mm×322 mm×400 mm
质量	40 kg
额定电源电压 A	C 200~230 V，50/60Hz
防护等级	IP54
外部记录装置	USB
通信功能	Ethernet、FL-net、DeviceNet、PROFIBUS 等

(a) 实物图   (b) 主要性能参数

图4.17　FANUC的R-30iB Mate标准型控制器

　　集中了FANUC各种最先进技术的新一代机器人控制器——R-30iB Mate，具有性能高、响应快、安全性能强等特点。作为集成了视觉功能的机器人控制器，将大量节约为实现柔性生产所需的周边设备成本。基于FANUC自身软件平台研发的各种功能强大的点焊、涂胶、搬运等专用软件，在使机器人的操作变得更加简单的同时，也使系统具有彻底免疫计算机病毒的功能。

4. YASKAWA的DX200控制器(图4.18)

尺寸（宽×厚×高）		600 mm×520 mm×930 mm
质量		100 kg 以下
周围温度	通电时	0 ℃ ~ +45 ℃
	保管时	–10 ℃ ~ +60 ℃
相对湿度		最大90%（不结露）
电源规格		三相 AC 380 V，50 Hz（±2%）
位置控制方式		串行编码器
扩展插槽		PCI：2 个
控制方式		伺服软件
驱动单元		AC 伺服用伺服包
颜色		5Y7/1

(a) 实物图　　　　　　　　　　　　　(b) 主要性能参数

图4.18　YASKAWA的DX200控制器

DX200是YASKAWA的新一代机器人控制器。它比原来的DX100拥有更加完美的身材，变压器模块可配置于板底，且通过可堆叠的低地台基板方便实现设置空间的最小化，由于可在比机器人动作范围小的区域内设置安全围栏，大大地节省客户设备空间；附加安装BOX后，可最多控制72轴（8台机器人）；能够监控机器人工具的位置，将动作限定在设定范围之内；通过双CPU构成的功能安全模块进行位置监控，提升安全性，控制器的安全、靠谱主要体现在计算机器人的位置和速度，在可能超越限定范围时，切断伺服电源，确保机器人停止动作；离线编程软件MotoSim可用于模拟生产工作站，为机器人设定最佳位置还可执行离线编程，避免发生代价高昂的生产中断或延误。

4.2.3　基本功能

控制器的基本功能如下：

（1）**记忆功能**。存储作业顺序、运动路径、运动方式、运动速度和与生产工艺有关的信息。

●基本功能与分类

（2）**示教功能**。在线示教与离线编程。

（3）**与外围设备联系功能**。输入和输出接口、通信接口、网络接口、同步接口。

（4）**坐标设置功能**。有关节、基、工具、用户自定义4种坐标系。

（5）**人机交互**。示教器、操作面板、显示屏、触摸屏等。

（6）**传感器接口**。位置检测、视觉、触觉、力觉等。

（7）**位置伺服功能**。机器人多轴联动、运动控制、速度和加速度控制、动态补偿等。

（8）**故障诊断与安全保护功能**。运行时系统状态监视、故障状态下的安全保护和故障自诊断。

4.2.4　分　类

1. 按控制系统的开放程度分类

依据控制系统的开放程度，机器人控制器分为3类：**封闭型、开放型和混合型**。目前基本上都是封闭型系统（如日系机器人）或混合型系统（如欧系机器人）。

2. 按控制方式分类

按控制方式的不同，机器人控制器可分为两类：**集中式控制和分布式控制**。

(1) 集中式控制器。

利用一台计算机实现机器人系统的全部控制功能，早期的机器人（如Hero-I、Robot-I等）常采用这种结构，如图4.19所示。基于计算机的集中式控制器，充分利用了计算机资源开放性的特点，可以实现很好的开放性：多种控制卡、传感器设备等都可以通过标准PCI插槽或串口、并口集成到控制系统中。

优点：硬件成本较低，便于信息的采集和分析，易于实现系统的最优控制，整体性与协调性较好，基于PC的系统硬件扩展较为方便。

缺点：系统控制缺乏灵活性，控制危险容易集中，一旦出现故障，其影响面广，后果严重；由于工业机器人在实际运行中系统要进行大量数据计算，会降低系统的实时性，而且系统对多任务的响应能力也会与系统的实时性相冲突；另外，系统连线复杂，可靠性会有所降低。

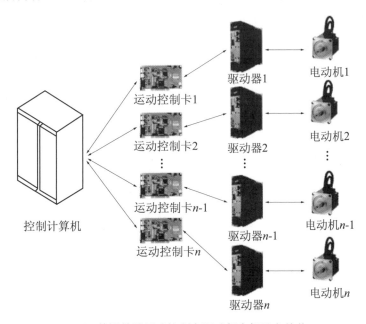

(a) 使用单独运动控制卡驱动每个机器人关节

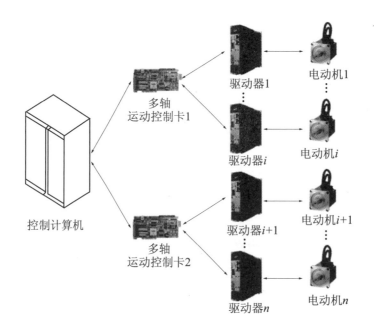

(b) 使用多轴运动控制卡驱动多个机器人关节

图4.19　集中式机器人控制器结构框图

（2）分布式控制器。

分布式控制器的主要思想为"分散控制，集中管理"，即系统对其总体目标和任务可以进行综合协调和分配，并通过子系统的协调工作来完成控制任务，整个系统在功能、逻辑和物理等方面都是分散的。子系统由控制器和不同被控对象或设备构成，各个子系统之间通过网络等进行相互通信。这种方式实时性好，易于实现高速、高精度控制，易于扩展，可实现智能控制。

分布式控制器中常采用两级控制方式，由上位机和下位机组成，如图4.20所示。上位机负责整个系统管理以及运动学计算、轨迹规划等，下位机由多CPU组成，每个CPU控制一个关节运动。上、下位机通过通信总线（如RS 232、RS 485、以太网、USB等）相互协调工作。

分布式控制器的优点在于系统灵活性好，控制系统的危险性降低，采用多处理器的分散控制，有利于系统功能的并行执行，提高系统的处理效率，缩短响应时间。

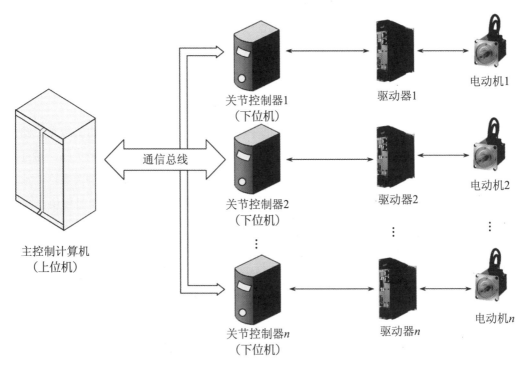

图4.20　分布式机器人控制器结构框图

4.3　工作过程

以图4.5为例说明工业机器人控制器具体的工作过程。

主控制模块接收到操作人员从示教器输入的作业指令后，先解析指令，确定末端执行器的运动参数，然后进行运动学、动力学和插补运算，最后得出机器人各个关节的协调运动参数。

● 控制器工作
过程

这些运动参数经过通信模块输出到运动控制模块，作为关节伺服驱动模块的给定信号。驱动模块中的关节伺服驱动器将此信号经D/A转换后，驱动各个关节伺服电机按一定要求转动，从而使各关节协调运动。同时内部传感器将各个关节的运动输出信号反馈给运动控制模块，形成局部闭环控制，使机器人末端执行器按作业任务要求在空间中实现精确运动。而此时的外部传感器将机器人外界环境参数变化反馈给主控制模块，形成全局闭环控制，使机器人按规定的要求完成作业任务。

在控制过程中，操作人员可直接监视机器人的运动状态，也可从示教器、显示屏等输出装置上得到机器人的有关运动信息。此时，控制器中的主控制模块完成人机对话、数学运算、通信和数据存储；运动控制模块完成伺服控制。而内部传感器完成自身关节运动状态的检测；外部传感器完成外界环境参数变化的检测。

📖 本章小结

一般地，工业机器人控制系统基本结构的构成方案有3种：基于PLC的运动控制、基于PC和运动控制卡的运动控制、纯PC控制。现在大部分工业机器人都采用纯PC控制方式。

工业机器人控制器根据机器人的作业指令程序以及传感器反馈回来的信号支配操作机完成规定运动和功能的装置。它是机器人的关键和核心部分，类似于人的大脑，通过各种控制电路中硬件和软件的结合来操纵机器人，并协调机器人与周边设备的关系。

控制器一般分为6部分：主控制模块、运动控制模块、驱动模块、通信模块、电源模块和辅助单元。

控制器可以实现记忆、示教、与外围设备联系、坐标设置、人机交互、传感器连接、位置伺服控制、故障诊断和安全保护等基本功能。

依据控制系统的开放程度，机器人控制器分为3类：封闭型、开放型和混合型。目前基本上都是封闭型系统（如日系机器人）或混合型系统（如欧系机器人）。按控制方式的不同，机器人控制器可分为两类：集中式控制和分布式控制。

工业机器人控制器的工作过程：主控制模块对接收到的作业指令进行解析，确定末端执行器的运动参数，通过运动学、动力学和插补运算得出各个关节的协调运动参数，经过通信模块将这些参数输出给运动控制模块，作为驱动模块的给定信号，从而驱动各个关节产生协调运动。同时内部传感器将各个关节的运动输出信号反馈给运动控制模块，外部传感器将机器人外界环境参数变化反馈给主控制模块，形成闭环控制，使机器人末端执行器按要求实现空间精确运动，并完成规定的作业任务。

📖 思考题

1. 一般工业机器人控制系统基本结构的构成方案有哪几种？
2. 工业机器人控制器的作用是什么？
3. 工业机器人控制器由几部分组成？
4. 四大家族最新的控制器型号是什么？
5. 工业机器人控制器的基本功能有哪些？
6. 工业机器人控制器分几类？
7. 简述工业机器人控制器的工作过程。

第5章 示教器

示教器是工业机器人的重要组成部分之一，是机器人的人机交互接口，工业机器人的绝大部分操作均可以通过示教器来完成，如点动机器人，编写、测试和运行机器人程序，设定、查阅机器人状态设置和位置等。它拥有自己独立的CPU以及存储单元，与控制计算机之间以TCP/IP等通信方式实现信息交互。

学习目标

1.了解工业机器人示教器的基本组成。

2.了解各大家族工业机器人的示教器。

3.熟悉工业机器人示教器的功能。

5.1 示教器认知

5.1.1 组 成

示教器也称示教盒或示教编程器，主要由显示屏和操作按键组成，如图5.1所示，可由操作者手持移动。

● 示教器组成

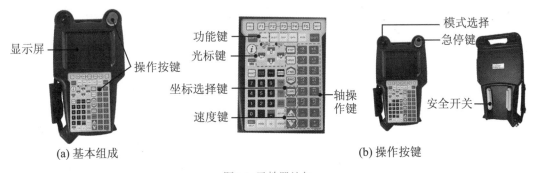

(a) 基本组成   (b) 操作按键

图5.1 示教器认知

1.显示屏

示教器的显示屏多为**彩色触摸屏**，能够显示图像、数字、字母和符号，并提供一系列图标来定义屏幕上的各种功能。

显示屏主要分为4个显示区域：菜单显示区、通用显示区、状态显示区和人机对话显示区。

➤ **菜单显示区。** 显示操作界面主菜单和子菜单。

➤ 通用显示区。在该区内，可对作业程序、特性文件、各种设定进行显示和编辑。

➤ 状态显示区。显示系统当前状态，如动作坐标系、机器人移动速度等。显示的信息根据控制器的模式（示教或再现）不同而改变。

➤ 人机对话显示区。在机器人示教或自动运行过程中，显示功能图标、系统错误信息等。

2.操作按键

示教器的操作按键主要包括【急停键】、【安全开关】、【坐标选择键】、【轴操作键】/【Jog键】、【速度键】、【光标键】、【功能键】、【模式选择】等，以上各键的功能描述见表5.1。

表5.1　示教器按键功能说明

按键名称	功能
急停键	通过切断伺服电源立刻停止机器人和外部轴操作 一旦按下，开关保持紧急停止状态；顺时针方向旋转解除紧急停止状态
安全开关	在操作时确保操作者的安全 只有安全开关被按到适中位置，伺服电源才能接通，机器人方可动作 一旦松开或按紧，切断伺服电源，机器人立即停止运动
坐标选择键	手动操作时，机器人的动作坐标选择键 可在关节、基、工具和用户等常见坐标系中选择 此键每按一次，坐标系变化一次
轴操作键 /Jog 键	对机器人各轴进行操作的键 只有按住轴操作键，机器人才可动作 可以按住两个或更多个键，操作多个轴同时动作
速度键	手动操作时，用这些键来调整机器人的运动速度
光标键	使用这些键在屏幕上按一定的方向移动光标
功能键	使用这些键可根据屏幕显示执行指定的功能和操作
模式选择	选择机器人控制模式（示教模式、再现/自动模式、远程/遥控模式等）

➤ 安全开关

安全开关又称使能按钮，是工业机器人为保证操作者人身安全而设置的，只有在被持续按下且保持在"电机开启"的状态，才可以对机器人进行手动操作与调试。当发生危险时，操作者会本能地将安全开关按钮松开或按紧，机器人则会立即停止动作，从而保证操作人员的安全。**安全开关按钮有3种状态：全松、半按和全按**，其效果见表5.2。

表5.2　安全开关按钮的状态

状态	效果
全松	电机下电
半按	电机上电
全按	电机下电

必须将安全按钮按下一半才能启动电机。在完全按下和完全松开时，将无法使机器人移动。

● 示教器典型产品

5.1.2 典型产品

由于工业机器人生产商较多，对应的机器人示教器也不尽相同，如图5.2所示。

(a) ABB FlexPendant

(b) KUKA smartPAD

(c) YASKAWA

(d) FANUC iPendant

(e) Panasonic

(f) OTC

(g) NACHI

(h) Kawasaki

(i) UNIVERSAL ROBOTS

(j) ESTUN

(k) 汇川

(l) 珞石

图5.2 著名工业机器人生产商的典型示教器产品

➤ 区别

1.手持方式

不同工业机器人生产商的示教器手持方式有所不同，区别见表5.3。

表5.3　示教器手持方式

典型产品	手持方式	
	正面	反面
ABB FlexPendan		
KUKA smartPAD		
YASKAWA		
FANUC iPendant		
UNIVERSAL ROBOTS		

续表5.3

典型产品	手持方式	
	正面	反面
汇川 IRTP80		
珞石 xPad		

OTC、NACHI和Kawasaki等机器人的示教器手持方式可参考YASKAWA和FANUC的示教器。

2.外形

欧系（如ABB、KUKA）与日系示教器在外形上有明显差距，但大部分日系的示教器外形比较相似，如图5.2(c)、(d)、(f)、(g)、(h)所示。表5.4为著名工业机器人生产商的示教器轴操作键的操作方式。

表5.4　示教器轴操作键的操作方式

典型产品	轴操作键的操作方式
ABB FlexPendan	摇杆式
KUKA smartPAD	按键式和摇杆式
YASKAWA	按键式
FANUC iPendant	按键式
Panasonic	按键式和拨动式
OTC	按键式
NACHI	按键式
Kawasaki	按键式
UNIVERSAL ROBOTS	触摸屏式
汇川	按键式
珞石	按键式

5.2　工作过程

在工业机器人控制系统中，示教器的工作过程如图5.3所示，机器人的绝大部分操作都可由示教器来实现。实际操作时，操作人员按下示教器上的操作按键或者点击显示屏上的虚拟按键时，示教器通过线缆向主控制模块发出相应的指令代码（S0）；此时，主控制模块中负责串口通信的通信子模块接收指令代码（S1）；然后由指令码解释模块分析判

●示教器工作过程与基本功能

断该指令码，并进一步向运动控制模块发送与指令码相对应的信息（S2），而运动控制模块将处理后的数据信息（S3）传送给驱动模块，使驱动模块完成该指令码要求的具体功能（S4）；同时，为让操作人员时刻掌握机器人的运动位置和各种状态信息，主控制模块及时将状态信息（S5）经串口发送给示教器（S6），在液晶显示屏上显示，从而与操作人员沟通，完成数据的交换功能。可以说，示教器实质上就是一个专用的智能终端。

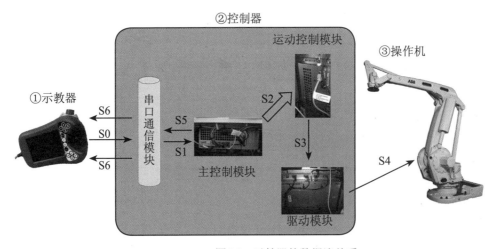

图5.3　示教器的数据流关系

5.3　功　能

5.3.1　基本功能

工业机器人的所有在线操作和自动运行基本都是通过示教器来完成的，示教器的基本功能如下：

> **手动操纵机器人本体**

在示教模式下，通过示教器上的轴操作键可以实现手动操纵机器人各轴点动和连续移动。

> **编写与修改程序**

在示教器的通用显示区，可对作业程序进行显示、编辑和修改。

> **运行与测试程序**

在作业程序编辑完成后,在示教模式下,可实现该程序手动运行;当运行程序有错误时,示教器会自动报警,提示错误原因,操作人员根据原因进行相关修改。

> **设置和查看系统信息**

通过示教器可以设定、查阅机器人状态信息,如速度、位置等。

> **选择控制模式**

可以选择机器人控制模式:**示教模式、再现/自动模式、远程/遥控模式**等。

> **备份与恢复**

对相关数据信息进行备份;在需要的时候也可恢复相关数据信息。

5.3.2　示教再现

工业机器人中应用广泛的是第一代机器人,它的**基本工作原理是示教再现**,如图5.4所示,而示教器主要作用就是实现机器人的示教再现操作。

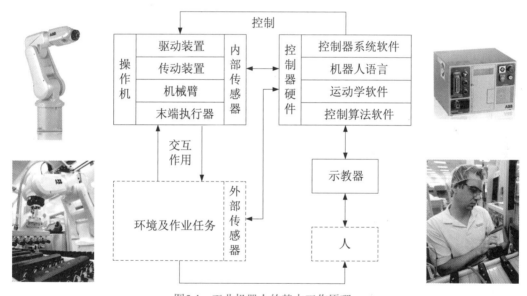

图5.4　工业机器人的基本工作原理

操作人员通过示教器将机器人作业任务中要求的机械臂运动预先示教给机器人,而控制系统将关节运动的状态参数存储在存储器中;当需要机器人工作时,机器人的控制系统就调用存储器中存储的各项数据,驱动关节运动,使机器人再现示教过的机械臂运动,从而完成要求的作业任务。

1.示教

示教也称引导,即由操作者直接或间接导引机器人,一步步按实际要求操作一遍,机器人在示教过程中自动记忆示教的每个动作的位

●示教再现

置、姿态、运动参数等，并自动生成一个连续执行全部操作的程序，存储在机器人控制装置内。

在线示教是工业机器人目前普遍采用的示教方式。

➤ **在线示教**

典型的示教过程是依靠操作人员观察机器人及其末端执行器相对于作业对象的位姿，在示教模式下，通过示教器对机器人各轴的相关操作，反复调整程序点处机器人的作业位姿、运动参数和工艺条件，然后将满足作业要求的这些数据记录下来，再转入下一程序点的示教。为示教方便及获取信息的快捷、准确，操作者可以选择在不同坐标系下手动操纵机器人。

采用在线示教进行机器人作业任务编制具有如下的特点：

（1）利用机器人具有较高的重复定位精度的优点，降低了系统误差对机器人运动绝对精度的影响，这是目前工业机器人普遍采用在线示教的主要原因。

（2）要求操作者具有一定的专业知识和熟练的操作技能，并需要现场近距离示教操作，因而具有一定的危险性，尤其是在有毒粉尘、辐射等环境下工作的机器人，这种编程方式会危害操作者的健康。

（3）示教过程繁琐、费时，需要根据作业任务反复调整末端执行器的位姿，占用了大量的机器人工作时间，时效性较差。

（4）机器人在线示教的精度完全靠操作者的经验决定，对于复杂运动轨迹示教效果较差。

（5）出于安全考虑，有时候进行机器人示教时要关闭与外围设备联系的一些功能，则无法满足需要根据外部信息进行实施决策的应用。

（6）在柔性制造系统中，在线示教无法与CAD数据库相连接，不易实现工业应用中的CAD/CAM/Robotics一体化。

综上所述，采用在线示教的方式可完成一些应用于大批量生产、工作任务相对简单且不变化的机器人作业任务编制。

➤ **人工牵引示教**

人工牵引示教又称直接示教或手把手示教，用于早期的机器人作业编程系统。即由操作人员牵引装有力-力矩传感器的机器人末端执行器对工件实施作业，机器人实时记录整个示教轨迹与工艺参数，然后根据这些在线参数就能准确再现整个作业过程。

该示教方式控制简单，但劳动强度大，操作技巧性高，精度不易保证。如果示教失误，修正路径的唯一方法就是重新示教。现在已经不再使用该方式。

无特别说明，本书所说的示教均指再线示教。

2.再现

整个在线示教过程完成后，通过选择示教器上的再现/自动控制模式，给机器人一个启动命令，机器人控制器就会从存储器中逐点取出各示教点空间位姿坐标值，通过对其进行插补运算，生成相应路径规划，然后把各插补点的位姿坐标值通过运动学逆解运算转换成关节角度值，分送机器人各关节或关节控制器，使机器人在一定精度范围内按照程序完成示教的动作和赋予的作业内容，实现再现（自动运行）过程。

对于示教器的示教再现操作内容详见7.4节；而各厂商示教器详细的界面操作和按键使用请参考相应的操作说明书等。

本章小结

示教器是工业机器人的**人机交互接口**，工业机器人的所有操作基本上都是通过示教器来完成的。示教器实质上就是一个专用的智能终端。

示教器主要由显示屏和操作按键组成，显示屏多为彩色触摸屏，操作按键主要包括【急停键】、【安全开关】、【坐标选择键】、【轴操作键】/【Jog键】、【速度键】、【光标键】、【功能键】、【模式选择】等。

示教器的基本功能包括：手动操纵、编写与修改程序、运行与测试程序、设置和查看系统信息、选择控制模式、备份与恢复。

示教器最主要的作用是实现机器人的示教再现操作。操作人员通过示教器将机器人作业任务中要求的机械臂运动预先示教给机器人，而控制系统将关节运动的状态参数存储在存储器中；当需要机器人工作时，通过选择示教器上的自动控制模式，机器人将再现（自动运行）示教时记录的数据，通过插补运算，重复再现在程序点上记录的机器人位姿。

思考题

1.示教器主要由哪几部分组成？

2.简述示教器的工作过程。

3.示教器的基本功能有哪些？

4.工业机器人的基本工作原理是什么？

5.示教器如何实现在线示教？

第6章 辅助系统

工业机器人系统要完成某项作业任务，除了操作机、控制系统和示教器之外，还需要相应辅助系统的配合。

学习目标

1.熟悉工业机器人辅助系统的基本组成。
2.熟悉工业机器人的搬运型末端执行器。
3.熟悉工业机器人的视觉系统。

6.1 基本组成

●基本组成与
作业系统 (1)

工业机器人的辅助系统可分为两大部分：作业系统和周边设备，如图6.1所示。

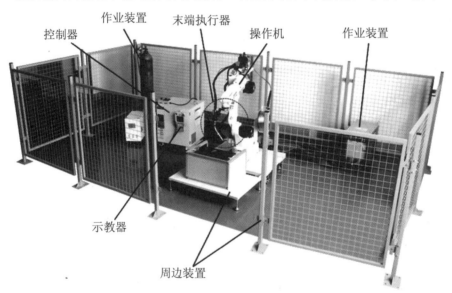

图6.1 弧焊机器人的系统组成

作业系统通常是一整套的作业装置，能够按要求完成对应的作业任务。不同的作业任务，相应的作业系统就会不同。作业系统是从工业机器人实现的功能上进行划分的，**通常有末端执行器和与末端执行器配套的作业装置**。例如图6.1中的弧焊机器人要想完成焊接任务，末端执行器就是焊枪，而配套的作业装置包括气瓶、焊接电源等焊接专用装置；如果配合视觉系统，机器人则可以进行动态检测和跟踪焊缝的位置和方向。

周边设备包括**安全保护装置**、**输送装置**、**滑移平台**等。

6.2 作业系统

常见的作业系统有搬运系统、焊接系统、装配系统、码垛系统、涂装系统、打磨系统和激光雕刻系统等。

作业系统通常由**末端执行器**和**与其配套的作业装置**两大部分组成。

6.2.1 末端执行器

末端执行器是安装在机器人手腕上（一般装在连接法兰上）用来完成规定操作或作业的附加装置。机器人末端执行器的种类有很多，以适应不同的场合。

末端执行器按照其使用用途主要分为两大类：**搬运型**和**加工型**。

搬运型末端执行器是指各种夹持装置，通过抓取或吸附来搬运物体；加工型末端执行器是指带有某种作业的专用工具，如喷枪、焊枪、砂轮、铣刀等加工工具，用来进行相关的加工作业。

1. 搬运型末端执行器

常见的搬运型末端执行器有**吸附式**、**夹持式**和**仿人式**。

➤ **吸附式末端执行器**

吸附式末端执行器是靠吸附力取料，根据吸附力的不同分为气吸附和磁吸附。

（1）气吸附。

气吸附主要是利用吸盘内压力和大气压之间的压力差进行工作的，根据压力差的形成方法分为真空吸盘吸附、气流负压吸附、挤压排气吸附。

① 真空吸盘吸附。

吸盘吸力在理论上取决于吸盘与工件表面的接触面积和吸盘内外压差，但实际上其与工件表面状态有十分密切的关系，工件表面状态影响负压的泄漏。采用真空泵能保证吸盘内持续产生负压，所以这种吸盘比其他形式吸盘的吸力大。

真空吸盘吸附的基本结构如图6.2所示，主要零件为橡胶吸盘1，通过固定环2安装在支撑杆4上，支撑杆由螺母6固定在基板5上。工作时，橡胶吸盘与物体表面接触，吸盘的边缘起密封和缓冲作用，真空发生装置将吸盘与工件之间的空气吸走使其达到真空状态，此时吸盘内的大气压小于吸盘外的大气压，工件在外部压力的作用下被抓取。放料时，管路接通大气，失去真空，物体放下。为了避免在取料时产生撞击，有的还在支撑杆上配有弹簧缓冲；为了更好地适应物体吸附面的倾斜状况，有的橡胶吸盘背面设计有球铰链。

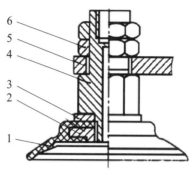

图6.2　真空吸盘吸附

1—橡胶吸盘；2—固定环；3—垫片；4—支撑杆；5—基板；6—螺母

② 气流负压吸附。

气流负压吸附的基本结构如图6.3所示，压缩空气进入喷嘴后，利用伯努利效应使橡胶吸盘内产生负压。取料时压缩空气高速流经喷嘴，其出口处的气压低于吸盘腔内的气压，于是吸盘内的气体被高速气流带走而形成负压，完成取料动作。放料时切断压缩空气即可。气流负压吸附需要的压缩空气，工厂一般都有空压机站或空压机，比较容易获得空压机气源，不需要专为机器人配置真空泵。

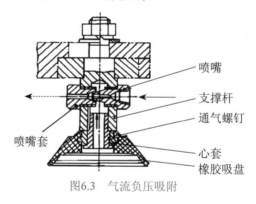

喷嘴
支撑杆
通气螺钉
心套
橡胶吸盘
喷嘴套

图6.3　气流负压吸附

③ 挤压排气吸附。

挤压排气吸附的基本结构如图6.4所示。其工作原理为：取料时手腕先向下，吸盘

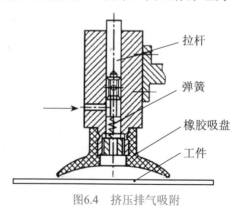

拉杆
弹簧
橡胶吸盘
工件

图6.4　挤压排气吸附

压向工件，橡胶吸盘形变，将吸盘内的空气挤出；之后，手腕向上提升，压力去除，橡胶吸盘恢复弹性变形使吸盘内腔形成负压，将工件牢牢吸住，机械臂即可进行工件搬运。达到目标位置后要释放工件时，移动拉杆，使吸盘腔与大气连通而破坏吸盘腔内的负压，释放工件。

吸盘类型繁多，一般分为**普通型**和**特殊型**两种，普通型包括**平型**、**平型带肋**、**深型**、**风琴型**和**椭圆型**等，如图6.5所示。特殊型吸盘是为了满足在特殊场合应用而设计使用的，通常可分为专用型吸盘和异型吸盘，特殊型吸盘结构形状因吸附对象的不同而不同。

(a) 平型　　　　(b) 平型带肋　　　　(c) 深型　　　　(d) 风琴型　　　　(e) 椭圆型

图6.5　吸盘类型

吸盘的结构对吸附能力的大小有很大影响，材料也对吸附能力影响较大。目前吸盘常用的材料多为**丁腈橡胶（NBR）**、**硅橡胶、聚氨酯橡胶和氟化橡胶（FKM）**，除此之外还有导电性丁腈橡胶和导电性硅橡胶材质。

不同结构和材料的吸盘以及多吸盘组合（图6.6）被广泛应用于汽车覆盖件、玻璃板件、金属板材的切割及上下料等场合，适合抓取表面相对光滑、平整、坚硬及微小的材料，或搬运体积大质量轻的零件。气吸附式末端执行器具有结构简单、质量轻、使用方便可靠等优点，另外对工件表面无损伤，且对被吸持工件预定的位置精度要求不高。

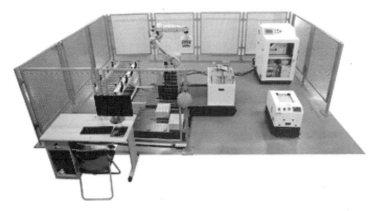

图6.6　哈工海渡工机器人码垛工作站中多吸盘组合应用

（2）磁吸附。

磁吸附是利用磁力来吸附材料工件的，按磁力来源的不同可分为**永**

●作业系统
（2）

磁吸附、电磁吸附和电永磁吸附等。

①永磁吸附。

永磁吸附是利用磁力线通路的连续性及磁场的叠加性工作的，一般永磁吸盘的磁路为多个磁系，通过磁系之间的相互运动来控制工作磁极面上的磁场强度，进而实现工件的吸附和释放动作，工作原理如图6.7所示。

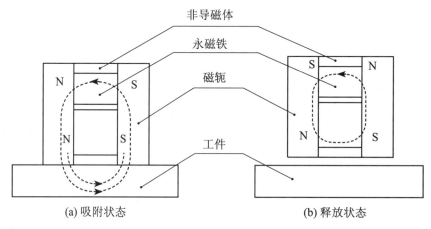

图6.7 永磁吸附

②电磁吸附。

电磁吸附的结构和工作原理如图6.8所示。在线圈通电的瞬间，由于空气间隙的存在，磁阻很大，线圈的电感和启动电流也很大，这时产生磁性吸力将工件吸住，一旦断电，磁吸力消失，工件松开。

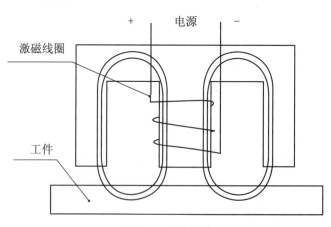

图6.8 电磁吸附

③电永磁吸附。

电永磁吸附是利用永磁磁铁产生磁力，通过激磁线圈对吸力大小进行控制，起到开/关作用。电永磁吸附结合了永磁吸附和电磁吸附的优点，应用前景十分广泛。

电磁吸盘的分类方式很多，依据形状可分为矩形磁吸盘和圆形磁吸盘，如图6.9所示；按吸力大小分为普通磁吸盘和强力磁吸盘。

(a) 矩形磁吸盘　　　　　　　(b) 圆形磁吸盘

图6.9　电磁吸盘

磁吸附比气吸附有较大的单位面积吸力，对工件表面光洁度及通孔、沟槽等无特殊要求。磁吸附的不足之处是：被吸工件存在剩磁，吸附头上常吸附磁性屑（如铁屑等），影响正常工作。因此对那些不允许有剩磁的零件要禁止使用。对钢、铁等材料制品，温度超过723 ℃就会失去磁性，故在高温下无法使用磁吸附。常适合要求抓取精度不高且在常温下工作的工件。

● 作业系统
（3）

➤ **夹持式末端执行器**

夹持式末端执行器常见的形式有**夹钳式**、**夹板式**和**抓取式**。

（1）夹钳式。

夹钳式是工业机器人最常用的一种搬运型末端执行器。夹钳式通常采用手爪拾取工件，手爪与人手指相似，通过手爪的开启/闭合实现对工件的夹/取。多用于负载重、高温、表面质量不高等吸附式无法进行工作的场合。

夹钳式末端执行器的基本结构有：手爪、驱动机构、传动机构、连接和支撑元件，如图6.10所示。

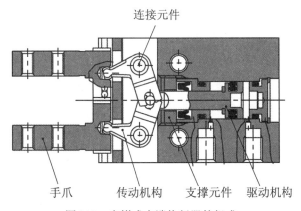

图6.10　夹钳式末端执行器的组成

手爪是与工件直接接触的部件，其形状将直接影响抓取工件的效果，多数情况下只需两个手爪配合就可以完成一般的工件夹取，而对于复杂工件可以选择三爪或多爪进行抓取。

常见手爪前端形状分为**V型爪**、**平面型爪**和**尖型爪**，如图6.11所示。

(a) V型爪　　　　　　　　(b) 平面型爪　　　　　　(c) 尖型爪

图6.11　手爪前端分类

V型爪常用于抓取圆柱形工件或者工件含有圆柱形表面，其夹持稳固可靠，误差相对较小，如图6.11(a)所示；平面型爪多用于夹持方形工件或者至少有两个平行面的物件，如厚板形或短小棒料等，如图6.11(b)所示；尖型爪常用于夹持复杂场合小型工件，避免与周围障碍物相碰撞，也可夹持炽热工件，避免搬运机器人本体受到热损伤，如图6.11(c)所示。

根据被抓取工件形状、大小及抓取部位不同，常用爪面形式有**平滑爪面**、**齿形爪面**和**柔性爪面**。

平滑爪面的指爪表面光滑平整，一般用来夹持已加工好的工件表面，保证加工表面无损伤；齿形爪面的指爪表面刻有齿纹，主要目的是增加与夹持工件的摩擦力，确保夹持稳固可靠，常用于夹持表面；柔性爪面内镶有橡胶、泡沫、石棉等物质，起到增加摩擦、保护已加工工件表面、隔热等作用，多用于加持已加工工件、炽热工件、脆性或薄壁工件等。

（2）夹板式。

夹板式手爪是码垛过程中最常用的一类手爪，有单板式和双板式等形式，如图6.12所示。

(a) 单板式　　　　　　　　　　　(b) 双板式

图6.12　夹板式手爪

夹板式手爪主要用于整箱或规则盒码垛，其夹持力度比吸附式手爪大，且两侧板光滑不会损伤码垛产品外观质量。单板式与双板式的侧板一般都会有可旋转爪钩，需要单独机构控制，工作状态下爪钩与侧板成90°，起撑托物件防止在高速运动中物料脱落的作用。

（3）抓取式。

抓取式手爪可灵活适应不同的形状和内含物（如水泥、化肥、塑料、大米等）物料袋的码垛，如图6.13所示。

组合式末端执行器是通过将吸附式和夹持式组合以获得各单组优势的一种执行器，灵活性较大，各单组手爪之间既可单独使用又可配合使用，可同时满足多个工位的码垛，如图6.14所示。

图6.13　抓取式手爪

图6.14　组合式手爪

夹持式末端执行器的动作需要单独的外力进行驱动，需要连接相应外部信号控制装置及传感系统，以控制夹持式手爪实时的动作状态及力的大小，其手爪驱动方式有气动、液动、电动和电磁驱动。气动手爪目前得到广泛的应用，这是因为气动手爪有许多突出的优点：结构简单，成本低，容易维修，而且开合迅速，质量轻。

图6.15所示是一种气动手爪，气缸中的压缩空气推动活塞使曲杆做往复运动，从而使手爪沿导向槽开合。

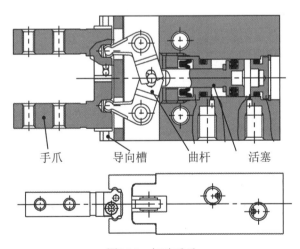

手爪　　　导向槽　　　曲杆　　　活塞

图6.15　气动手爪

> **仿人式末端执行器**

目前，大部分工业机器人的夹钳式末端执行器只有两个手爪，而且手指上一般没有关节，导致取料时不能适应物体外形的变化，不能使物体表面承受比较均匀的夹持力，因此无法满足对复杂形状、不同材质的物体实施夹持和操作。

为了提高机器人手部和手腕的操作能力、灵活性和快速反应能力，使机器人能像人手一样进行各种复杂的作业，如装配作业、维修作业、设备操作等，就必须有一个运动灵活、动作多样的灵巧手，即仿人手。

仿人式末端执行器主要有**柔性手**和**多指灵巧手**两种，如图6.16所示。

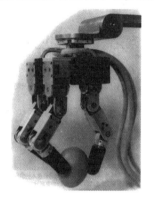 

(a) 柔性手　　　　　　　　　　　(b) 多指灵巧手

图6.16　仿人式手爪

柔性手是多关节柔性手腕，每个手指由多个关节链、摩擦轮和牵引丝组成，工作时通过一根牵引线收紧另一根牵引线放松实现抓取，其抓取的工件多为不规则、圆形等轻便工件，且物体受力比较均匀。

多指灵巧手是最完美的仿人手爪，包括多根手指，每根手指都包含3个回转自由度且为独立控制，实现精确操作，广泛应用于核工业、航天工业等高精度作业。图6.16(b)所示为哈工大机器人研究所刘宏教授团队研制出的机器人灵巧手，其具有多种感知、集成化、模块化、数字化以及实时控制等特点，相关技术达到国际领先水平，可满足未来空间站的多种舱内舱外作业任务需求，也可以应用于服务型机器人中提高残疾人日常生活的质量。

依据手爪开启、闭合状态，传动机构可分为**回转型**和**移动型**。回转型是夹钳式手爪常用形式，通过斜楔、滑槽、连杆、齿轮螺杆或蜗轮蜗杆等机构组合而成，可适时改变传动比以实现对夹持工件不同力的需求；移动型手爪是指手爪做平面移动或者直线往复移动来实现开启闭合，多用于夹持具有平行面的工件，设计结构相对复杂，应用不如回转型手爪广泛。

2. 加工型末端执行器

加工型末端执行器属于专用工具，用来完成特定的作业，常见的有焊枪、喷枪、铣刀、砂轮等，如图6.17所示。加工型末端执行器的相关介绍请参考第8章。

(a) 焊枪

(b) 喷枪

图6.17 加工型末端执行器

6.2.2 配套的作业装置

每种末端执行器都有与其相配套的作业装置，使末端执行器能够实现相应的作业功能。例如，气动手爪要想完成搬运功能，首先要夹持工件，这就需要相配套的气体发生装置和真空发生装置以提供气源，推动气缸中的活塞来夹取物件；图6.17(a)中所示的焊枪要想完成焊接任务，则需要有配套的气瓶、焊接电源、送丝机等焊接专用作业装置，而与视觉系统配合，则能使焊接机器人以智能和灵活的方式对焊接环境的变化做出实时反应。

●配套的作业装置

与末端执行器配套的作业装置相关介绍参考第8章，视觉系统详见6.3节。本节仅介绍作业装置中一种常用的吸盘破真空回路。

➢ 吸盘破真空回路

真空吸盘吸附和释放工件需要气动回路才能完成，图6.18所示是一种吸盘破真空回路，其中核心部件是**供给阀**和**破坏阀**。

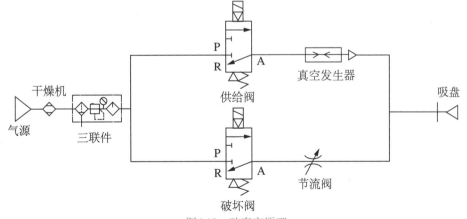

图6.18 破真空原理

回路中供给阀和破坏阀采用的是二位三通电磁阀（实际运用中是按照供气要求决定

的，可采用其他电磁阀，如二位五通电磁阀等），如图6.19所示；**气源三联件包括空气过滤器、减压阀和油雾器。**

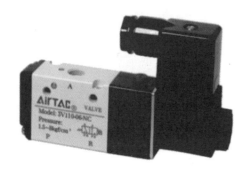　　　　　　　　　　

(a) 二位三通电磁阀　　　　　　　　　　　　(b) 节流阀

图6.19　气动元件

由空气压缩机压缩后的空气，经过干燥、过滤、稳压处理到达供给阀和破坏阀，常态下两阀都处于闭合不连通状态，即R通口与A通口相连通；在吸附工件阶段，供给阀的电磁得电，阀芯移动，使P通口与A通口相连通，处于供气状态，空气从A通口到达真空发生器，致使吸盘产生负压吸附工件（吸附工件有两种方式：一种是接触工件吸附，速度偏慢；另一种是靠近工件吸附，速度较快）；释放工件阶段，供给阀的电磁失电，使P通口与A通口断开，R通口与A通口相连通，供气不起作用，而同时破坏阀电磁得电，阀芯移动，使破坏阀的P通口与A通口相连通，空气经节流阀节流调速，使吸盘能以一定的速度稳定释放工件。

在释放工件时，如果没有破坏阀，工件会短时间粘滞在吸盘上，不会立刻释放，**破坏阀的作用是使工件能够及时被释放。**

6.3　视觉系统

视觉系统也属于机器人作业系统中配套的作业装置，特殊的是，视觉系统可以配合多种末端执行器。由于视觉系统的特殊性且内容较多，本书将视觉系统以单节形式进行介绍。

● 视觉系统与周边设备

第一代工业机器人只能按照预先规定的动作往返操作，一旦工作环境发生变化，譬如作业对象发生了偏移或者变形导致位置发生改变，或者其再现轨迹上有障碍物出现时，机器人就不能胜任工作。而引进机器人视觉系统就是为了避免这些情况的发生。

机器人视觉系统必须能够解析三维空间的信息，不仅需要了解物体的大小、形状等，还要知道物体之间的关系。

机器人视觉系统的功能包括：**物体定位、特征检测、缺陷判断、目标识别、计数和运动跟踪。**

6.3.1　基本组成

一般工业机器人视觉系统主要由视觉传感器、高速图像采集系统、图像处理器、计算机及其相关软件组成，如图6.20所示。

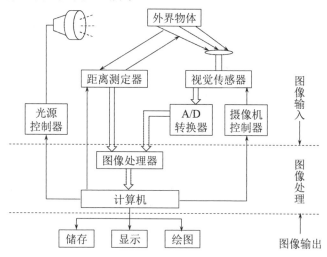

图6.20　工业机器人视觉系统组成

1. 视觉传感器

视觉传感器是利用光学元件和成像装置获取外部环境图像信息的仪器，是整个机器人视觉系统信息的直接来源，主要由一个或者两个图像传感器组成。有时还要配以光投射器及其他辅助设备。它的主要功能是获取足够的机器人视觉系统要处理的最原始图像。

图像传感器可以使用激光扫描器、线阵和面阵CCD摄像机或者TV 摄像机，也可以是最新出现的数字摄像机和CMOS 图像传感器等。

视觉传感器的性能通常是用图像分辨率来描述的。视觉传感器的精度不仅与分辨率有关，而且同被测物体的检测距离相关。被测物体距离越远，其绝对的位置精度越差。

2. 高速图像采集系统

高速图像采集系统是由A/D转换器、专用视频解码器、图像缓冲器和控制接口电路组成的。它的主要功能是实时地将视觉传感器获取的模拟视频信号转换为数字图像信号，并将数字图像传送给专用图像处理系统进行视觉信号的实时前端处理，或者将图像直接传送给计算机进行显示和处理。

3. 图像处理器

图像处理器通常是指一种专用的图像处理器，是计算机的辅助处理器，主要采用专用集成芯片（ASIC）、数字信号处理器（DSP）或者FPGA 等设计的全硬件处理器。它可以实时高速完成各种低级图像处理算法和数码图像的压缩、显示以及存储，减轻计算机的处理负荷，提高整个视觉系统的速度。

4. 计算机及其相关软件

计算机是整个机器视觉系统的核心，它除了控制整个系统各个模块的正常运行外，还承担着视觉系统最后结果的运算和输出。除了通过显示器显示图形之外，还可以用于打印机或绘图仪输出图像。

相关软件包括计算机系统软件和机器人视觉信息处理算法。

（1）计算机系统软件：选用不同类型的计算机，就要有不同的操作系统和它所支持的各种语言、数据库等。

（2）机器人视觉信息处理算法：图像预处理、分割、描述、识别和解释等算法。

6.3.2　工作过程

工业机器人视觉系统的工作过程包括4个阶段：图像输入、图像处理、图像存储和图像输出。

1. 图像输入

图像输入阶段一般包括光源滤波、视觉传感和距离测定等。工业机器人的视觉系统通过图像输入部分中的距离、视觉等传感器来获取物件的形状、颜色和距离等信息，并将其转换为相应的电信号，经由A/D转换器转换为数字信号。

2. 图像处理

图像处理阶段负责从获取的大量物体信息（数字信号）中进行提取和处理，包括图像边缘的检测、连接、光滑和轮廓的编码等，并将处理后的数据传输给其他设备。它是机器人视觉系统工作过程中的关键环节。

图像信息处理包括4个模块：预处理、分割、特征抽取和识别，如图6.21所示。

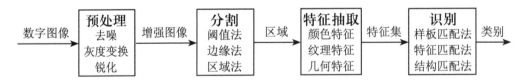

图6.21　图像信息处理过程及方法

（1）预处理。

预处理的主要目的是清除原始图像中各种噪声等无用的信息，改进图像质量，增强感兴趣的、有用信息的可检测性，强化图像中所需要的特征，衰弱不需要的特征。

常用的预处理包括去噪、灰度变换和锐化等。

（2）分割。

图像的分割是指从图像中把景物提取出来的处理过程，其目的是把图像划分成不同的区域，以便人们对图像中的某一部分进行进一步分析。

图像分割大致可分为3类：阈值法、边缘法和区域法。

（3）特征抽取。

从分割出来的区域中提取出想要的图像特征信息，如颜色、纹理、几何特征（形状和空间关系）等。

（4）识别。

在图像识别中，既有当时进入的信息，也有记忆中储存的信息。通过将储存信息与当前信息进行比较的加工过程，以实现对图像的再认。

图像识别是利用计算机对图像进行处理、分析和理解，以识别各种不同模式的目标和对象的技术。通常有样板匹配法、特征匹配法和结构匹配法等。

3. 图像存储

图像存储阶段主要担任数据的保存工作。

4. 图像输出

图像输出阶段主要是将处理后的物体信息显示于屏幕上，同时将信息传送到机器人的主控系统，机器人根据所得信息便可进行相应的闭环控制。

6.3.3　行业应用

工业机器人视觉系统的应用类型主要有3类：**视觉检测、视觉引导和过程控制**。其应用领域包括电子工业、汽车工业、航空工业以及食品和制药等工业领域。

1. 视觉检测

在输送装置上配置视觉系统，机器人可以用于对存在形状、颜色等差异的异形物件进行非接触式检测，分检出合格的物件，如图6.22所示。也可以将视觉传感器安装在机器人腕部，跟随机械臂运动。

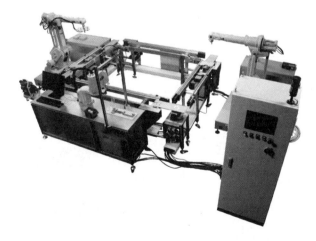

图6.22　哈工海渡实训线中的机器人视觉分检

这种检测方法除了能完成常规的空间几何形状、形体相对位置、物件颜色的检测外

（如配上超声、激光、X射线探测装置），还可以进行物件内部的缺陷探伤、表面涂层厚度测量等作业。

2. 视觉引导

视觉引导主要应用于焊接领域，焊接机器人配置视觉系统，如图6.23所示，可以控制焊枪沿焊缝自动定位，并自动跟踪焊缝，保证焊接质量。

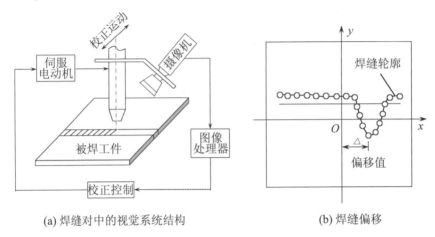

(a) 焊缝对中的视觉系统结构   (b) 焊缝偏移

图6.23　焊接过程中焊枪对焊缝的对中

图像传感器（摄像机）直接安装在机器人末端执行器（焊枪）上。焊接过程中，图像传感器对焊缝进行扫描检测，获得焊前区焊缝的截面参数曲线，计算机根据该截面参数计算出焊枪相对焊缝中心线的偏移量Δ，然后发出位移修正指令，调整焊枪的位置，直到偏移量$\Delta=0$为止。在焊接过程中产生的焊缝变形、装卡及传动系统的误差均可由视觉系统自动检测并加以补偿。机器人焊接比手工焊接更能保证焊接质量的一致性。

3. 过程控制

工业机器人在完成装配作业时，如果配置视觉系统，可以实现对整个装配过程的控制，如图6.24所示，以完成零件的分类、搬运和装配。

图6.24　用于装配的视觉控制机器人

一般的装配机器人要求视觉系统：能够识别传送带上所要装配的机械零件，并确定该零件的空间位置，据此信息控制机械臂的动作，抓取待装配的零件搬运到装配区，进行准确装配；对机械零件的检查；测量工件的极限尺寸。

6.4　周边设备

一个完整的工业机器人系统，除了操作机、控制器、示教器和作业系统外，剩下的都属于周边设备，包括安全保护装置、输送装置、滑移平台、工件摆放装置等，如图6.25所示。当然不同的末端执行器对应的周边设备有所区别。

(a) 安全保护栏　　　　　　　　　　　　　　　　(b) 输送带

图6.25　周边设备

与末端执行器配套的周边设备的相关介绍见第8章。

📖 本章小结

一个完整的工业机器人系统，由操作机、控制器、示教器、作业系统及周边设备五大部分组成。不同的作业任务，相应的作业系统就会不同，周边设备也会有所区别。作业系统包括末端执行器和与末端执行器配套的作业装置。周边设备包括安全保护装置、输送装置、滑移平台、工件摆放装置等。

末端执行器是安装在机器人手腕上（一般装在连接法兰上），用来完成规定操作或作业的附加装置，按照其使用用途主要分为两大类：搬运型和加工型。搬运型末端执行器是指各种夹持装置，通过抓取或吸附来搬运物体，常见的搬运型末端执行器有吸附式、夹持式和仿人式等；加工型末端执行器是指带有某种作业的专用工具，如喷枪、焊枪、砂轮、铣刀等加工工具，用来进行相关的加工作业。

破真空回路的作用是使吸盘能够吸附和及时释放工件。吸附工件时，供给阀的电磁得电，阀芯移动，经处理的压缩空气通过电磁阀到达真空发生器，使吸盘产生负压吸附工件；释放工件阶段，供给阀的电磁失电关闭通口，而破坏阀电磁得电，使压缩空气通过电磁阀到达节流阀，经节流阀节流调速，使吸盘能以一定的速度稳定释放工件。

视觉系统也属于机器人作业系统中配套的作业装置，可以配合多种末端执行器，实现物体定位、特征检测、缺陷判断、目标识别、计数和运动跟踪。一般工业机器人视觉系统主要由视觉传感器、高速图像采集系统、图像处理器、计算机及其相关软件组成，其工作过程包括4个阶段：图像输入、图像处理、图像存储和图像输出。

📖 思考题

1.工业机器人的辅助系统包括哪几个部分？

2.什么是末端执行器？其作用是什么？

3.按照使用用途，末端执行器分哪几类？

4.常见的搬运型末端执行器有几种？

5.根据压力差的形成方法，气吸附有几种方式？

6.简述真空吸盘吸附的工作原理。

7.普通型吸盘包括哪几类？

8.常见吸盘的材料有几种？

9.夹持式末端执行器常见形式分几种？

10.常见手爪前端形状分几种？

11.简述破真空回路的工作原理。

12.破真空回路为什么要使用破坏阀？

13.一般工业机器人视觉系统主要由哪几部分组成？

14.工业机器人视觉系统的工作过程包括哪几个阶段？

15.工业机器人视觉系统的应用类型主要有哪几类？举例说明。

第7章 基本操作与基础编程

使用工业机器人时，操作人员必须能够对机器人进行操作和编程调试。进行机器人示教，需要操作者能够使用示教器，完成机器人基本运动操作；而为使机器人能够进行再现，就必须把机器人工作单元的作业过程用机器人语言编成程序。当然，在操作机器人之前还必须严格遵守相关安全操作规程。

学习目标

1. 熟悉工业机器人的安全操作规程。
2. 掌握工业机器人项目实施的基本流程。
3. 掌握工业机器人首次组装方法。
4. 掌握工业机器人手动操纵内容和操作流程。
5. 掌握工业机器人在线示教的内容和示教步骤。
6. 掌握工业机器人的编程基础知识。
7. 了解工业机器人离线编程技术。

7.1 安全操作规程

在操作机器人之前必须严格遵守相关的安全操作规程，避免操作人员受到伤害和机器人设备等受到损坏。

安全操作规程一般可以分为两类：行业安全操作规程和机器人的安全操作规程。

● 安全操作规程

➤ 行业安全操作规程

常见的机器人行业安全操作规程有：

（1）必须穿工作服。

（2）必须穿安全鞋、戴安全帽等安全防护用品。

（3）严禁将内衣、衬衫、领带等露在工作服外。

（4）严禁戴大号耳饰、挂饰等。

（5）各种设备、机器人的操作必须严格遵守相关的安全操作说明和规定。

（6）当电气设备（例如机器人或控制器）起火时，应使用二氧化碳灭火器，切勿使用水或泡沫灭火。

➤ **机器人的安全操作规程**

1.操作机器人之前

（1）禁止强制扳动、悬吊、骑坐机器人，以免造成人员伤害或者设备损坏。

（2）禁止倚靠在机器人或控制器上，禁止随意按动开关或按钮，以免造成人员伤害或者设备损坏。

（3）未经许可，非操作人员不能擅自进入机器人工作区域。

2.示教和手动操作机器人时

（1）示教时不允许戴手套。

（2）操作人员进入机器人工作区域时，需随身携带示教器，以防他人误操作。

（3）示教前，需仔细确认示教器的安全保护装置是否能够正常工作，如【急停键】、【安全开关】等。

（4）在手动操作机器人时，要采用较低的速度倍率以增强对机器人的控制。

（5）在按下示教器上的【轴操作键】之前要考虑到机器人的运动趋势，判断机械臂是否能碰撞到周边物体等。

（6）要预先考虑好避让机器人的运动轨迹，并确认该路径不受干扰。

（7）在察觉到有危险时，立即按下【急停键】，停止机器人运转。

3.再现和生产运行时

（1）机器人处于自动模式时，严禁进入机器人本体动作范围。

（2）在运行作业程序时，须知道机器人根据所编程序将要执行的全部任务。

（3）必须知道所有能影响机器人移动的开关、传感器和控制信号的位置和状态。

（4）必须知道机器人控制器和外围控制设备上的【急停键】的位置，准备在紧急情况下按下这些按钮。

（5）一定不要认为机器人停止移动，其程序就已经完成，此时机器人很可能是在等待让它继续移动的输入信号。

7.2　工业机器人项目实施的基本流程

工业机器人项目在实施过程中主要有8个环节：项目分析、机器人组装、原点校准、工具坐标系建立、工件坐标系建立、I/O信号配置、编程和自动运行，其流程如图7.1所示。

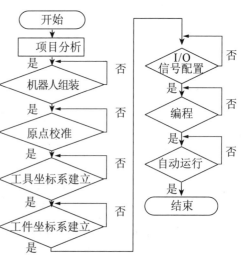

图7.1　工业机器人项目实施的基本流程图

其中，在项目分析阶段需要考虑机器人选型、现场布局、设备间通信等。在项目具体实施过程中，有时根据实际需要，I/O信号配置阶段可以放在工具坐标系建立阶段之前进行。I/O信号配置的相关内容请参考对应工业机器人的操作手册或使用说明书。

7.3　首次组装工业机器人

1. 拆箱

工业机器人出厂时是完整装箱，需要通过专业的拆卸工具将其打开。在组装机器人之前，请确认装箱清单。工业机器人标准配置的装箱清单一般包括：操作机、控制器、示教器、编码器电缆、电机动力电缆、电源电缆和使用说明书及资料光盘。图7.2所示为ABB-IRB120标准配置的装箱清单。

● 工业机器人项目实施的基本流程与首次组装

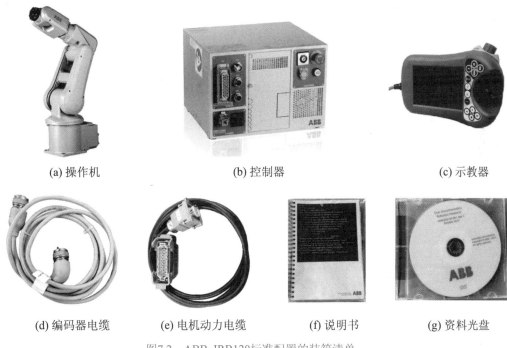

| (a) 操作机 | (b) 控制器 | (c) 示教器 |

| (d) 编码器电缆 | (e) 电机动力电缆 | (f) 说明书 | (g) 资料光盘 |

图7.2　ABB-IRB120标准配置的装箱清单

各厂商的标准配置略有区别，如ABB、YASKAWA等机器人的电源电缆是作为选配件，EPSON、YAMAHA等SCARA机器人的示教器是作为选配件。

2. 机器人安装方式

工业机器人的安装对其功能的发挥十分重要，在实际工业生产中有4种常见的安装方式，如图7.3所示。

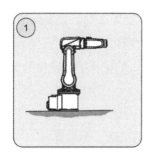

(a) 地面安装 0°（垂直）

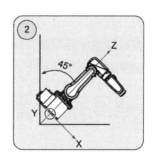

(b) 安装角度 45°（倾斜）

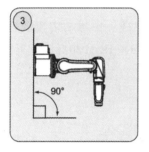

(c) 安装角度 90°（壁挂）

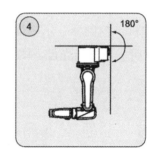

(d) 安装角度 180°（悬挂）

图7.3　工业机器人常用的安装方式

　　👉没有特别说明，本书中的工业机器人都是第①种方式安装固定。具体的安装操作详见机器人操作手册或使用说明书。

3. 电缆线连接

　　机器人系统之间的电缆线连接主要分3种情况：机器人本体与控制器、示教器与控制器、电源与控制器。

　　（1）机器人本体与控制器。

　　一般机器人本体与控制器之间的连接线有两根：**电机动力电缆和编码器电缆。**

　　（2）示教器与控制器。

　　示教器电缆线一端连接至示教器的电缆线连接器，另一端连接控制器上示教器电缆接口。

　　（3）电源与控制器。

　　将控制器的电源电缆接口按要求连接至220 V或者380 V电源。

　　👉各厂商机器人系统之间的连接电缆线有明显区别，其具体连接方式要严格遵循机器人操作手册或使用说明书，按照接线要求连接，注意插口的使用方法。

7.4　手动操纵

　　进行机器人示教，必须要能够手动操纵工业机器人，而在手动操

●手动操作与
原点校准

纵机器人之前，操作人员需要了解机器人本体轴的基本移动方式，掌握机器人的运动模式。

7.4.1 移动方式

手动操纵机器人运动时，其移动方式有两种：点动和连续移动。

1. 点动

点动机器人就是点按/微动【轴操作键】来移动机器人手臂的方式。每点按或微动【轴操作键】一次，机器人移动一小段距离，如图7.4(a)所示。

点动机器人主要用在示教时离目标位置较近的场合。通过点动，机器人可以小幅度移动，以确保能够精确运动至目标位置点。

2. 连续移动

与点动机器人操作类似，连续移动机器人则是长按/拨动【轴操作键】来移动机器人手臂，如图7.4(b)所示。

连续移动机器人主要用在示教时离目标位置较远的场合。在实际应用中，通常是先通过连续移动，将机器人末端执行器大幅度、快速地移动到目标位置附近，然后通过点动，小范围移动末端执行器至目标点。

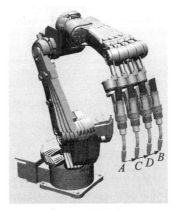
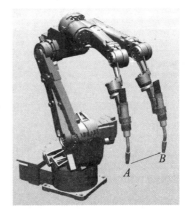

(a) 点动机器人　　　　　　　　　　　　(b) 连续移动机器人

图7.4　工业机器人移动方式

7.4.2 运动模式

机器人手动操纵的运动模式有3种：单轴运动、线性运动和重定位运动。

1. 单轴运动

一般地，工业机器人有多少个关节轴，就有多少个伺服电机，每个伺服电机驱动对应一个关节轴，而每次手动只操作机器人某一个关节轴的转动，就称为单轴运动，如图7.5(a)所示。单轴运动是只有在机器人关节坐标系下才有的运动模式。

　　单轴运动在一些特殊场合使用时更方便操作，比如在进行伺服编码器角度更新时可以用单轴运动的操作；当机器人出现机械限位和软件限位，即机器人超出运动范围而停止时，可以利用单轴运动进行手动操纵，将机器人移动到合适的位置。单轴运动在进行粗略定位和比较大幅度的移动时，会比其他手动操纵模式更快捷方便。

2. 线性运动

　　机器人的线性运动是指机器人工具中心点（TCP）在空间中做直线运动，如图7.5(b)所示。

　　机器人线性运动时需要指定坐标系，如基坐标系、工具坐标系和工件坐标系。当指定了某个坐标系后，线性运动就是机器人TCP在该坐标系下沿x、y、z轴方向上的直线运动，其移动幅度一般较小，适合较为精确的定位和移动。

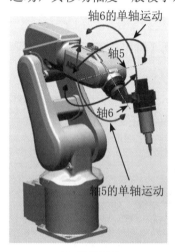 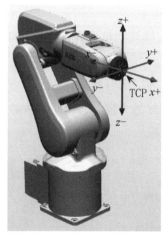 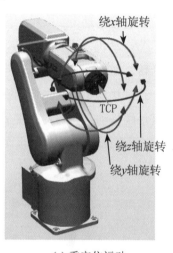

(a) 单轴运动　　　　　　　　(b) 线性运动　　　　　　　　(c) 重定位运动

图7.5　机器人手动操纵的运动模式

3. 重定位运动

　　机器人的重定位运动是指机器人工具中心点（TCP）在空间中绕着对应的坐标轴旋转的运动，也可以理解为机器人绕着TCP点做姿态调整的运动，如图7.5(c)所示。

　　重定位运动的手动操作能更全方位地移动和调整TCP点的姿态，经常用于检验建立的工具坐标系是否符合要求。

7.4.3　操作流程

　　无论采取哪种方式手动操纵机器人运动，其基本操作流程都可归纳为：**操作前的准备**和**手动操纵机器人**，如图7.6所示。

　　需要注意的是，手动操纵机器人移动时，机器人的运动数据不会被保存。

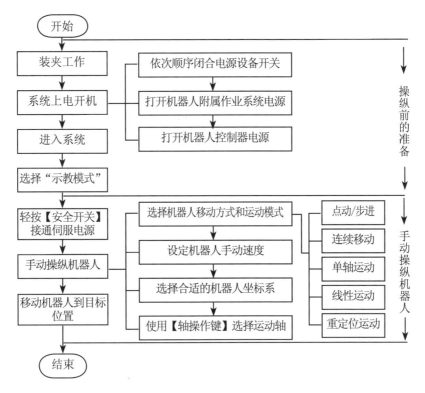

图7.6　手动操纵机器人操作流程

7.5　原点校准

机器人原点校准是指校准机器人各轴机械原点的位置。一般是通过手动操纵机器人，将机器人各轴移至其机械原点位置处，然后更新伺服电机编码器数据。

通常情况下，工业机器人不需要进行原点校准。但如遇到以下情形，则要进行机器人原点校准：

(1)新购买机器人时，示教器上出现"编码器数据未更新"提示。

(2)更换伺服电机编码器电池后。

(3)更换机器人本体或控制器后。

(4)系统异常导致编码器数据丢失。

(5)在非操作情况下，机器人关节轴发生变化，如碰撞等。

对于六轴机器人而言，一般校准顺序为：第4轴→第5轴→第6轴→第1轴→第2轴→第3轴。反之会使第4、5、6轴升高，以至于看不到其原点位置。

7.6　在线示教

在线示教时，操作人员必须预先赋予机器人完成作业所需的信息，主要内容包括工具、工件坐标系建立、运动轨迹、作业条件和作业顺序。

7.6.1　工具坐标系建立

虽然工业机器人控制系统内部有默认的工具坐标系，但是在实际工业应用过程中，一般都会根据具体项目需要重新建立新的工具坐标系，这样做能够使示教、调试和程序修改更加方便快捷，大大缩短项目周期，提高工作效率。因此，建议在示教时养成重新建立新的工具坐标系的习惯。

●工具坐标系
建立

本书以ABB机器人为例，说明工具坐标系（Tool Control Frame，TCF）建立的方法。

1. 建立原理

机器人默认工具坐标系的原点位于机器人连接法兰的中心，当连接不同的工具（如焊枪、激光器等）时，工具需获得一个用户定义的笛卡尔直角坐标系，其原点在用户定义的参考点上，如图7.7所示，这个过程的实现就是工具坐标系的建立，又称**工具坐标系的标定**。

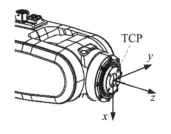
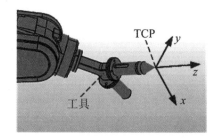

(a) 默认TCP与TCF　　　　　　　　　(b) 新建TCF

图7.7　工业机器人工具坐标系的建立

工业机器人工具坐标系的建立是指将期望新建的工具中心点（TCP）的位置和姿态告诉机器人，指出与机器人末端关节坐标系的关系。目前，**工业机器人工具坐标系的建立方法主要有两种：外部基准标定法和多点标定法**。

（1）外部基准标定法。

该方法只需要使工具对准某一测定好的外部基准点，便可完成建立，建立过程快捷简便。但这类标定方法依赖于机器人外部基准。

（2）多点标定法。

绝大部分工业机器人都够完成工具坐标系多点标定。**常用多点标定法有3种：4点法、5点法和6点法**，如图7.8所示。

(a) 默认TCF

(b) 4点法

(c) 5点法

(d) 6点法

图7.8　常用多点标定法

4点法是进行TCP位置重新标定，使几个标定点TCP位置重合，从而计算出TCP，即确定工具坐标系原点相对于末端关节坐标系的位置，但新建立的工具坐标系x轴、y轴、z轴方向与默认的TCF方向一致。

5点法是在4点法基础上，除了确定TCP位置外，还要使几个标定点之间具有特殊的方位关系，从而计算出工具坐标系z轴相对于末端关节坐标系的姿态，即确定新建工具坐标系的z轴方向。

6点法是在4点法、5点法基础上，除了确定TCP位置外，还要进行工具坐标系姿态的标定，即确定新建工具坐标系的z轴和x轴方向，而y轴方向由正交右手定则确定。

这3种标定方法的区别见表7.1。

表7.1　3种多点标定法的区别

坐标系定义方法	原点	坐标系方向	主要场合	图例
4 点法	变化	不变	工具坐标系方向跟默认TCF方向一致	
5 点法	变化	z 轴方向改变	需要工具坐标系z轴方向与默认TCF的z轴方向不一致	
6 点法	变化	z 轴和 x 轴方向改变	工具坐标系方向需要更改默认TCF的z轴和x轴方向	

以6点法为例建立工具坐标系，建立原理如下：

（1）在机器人工作空间内找一个非常精确的固定点作为参考点。

（2）在工具上确定一个参考点（一般选择工具中心点TCP）。

（3）手动操纵机器人，至少用4种不同的工具姿态，将机器人工具上的参考点尽可能与固定点刚好对碰上。第4点是用工具的参考点垂直于固定点，第5点是工具参考点从固定点向期望设定的TCF的x轴负方向移动，第6点是工具参考点从固定点向期望设定的TCF的z轴负方向移动，如图7.9所示。

（a）位姿1

（b）位姿2

（c）位姿3

（d）位姿4

（e）沿x轴负方向移动

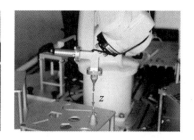
（f）沿z轴负方向移动

图7.9　6点法建立工具坐标系的原理示意图

（4）通过前4个位置点的位置数据，机器人控制器就可以自动计算出TCP的位置，通过后两个位置点即可确定TCP的姿态。

（5）根据实际情况设定工具的质量和重心位置数据。

注意：在参考点附近手动操纵机器人时，要降低速度，以免发生碰撞。

2. 验证工具坐标系

工具坐标系建立完成后，要对新建的坐标系进行重定位验证，这是为了避免工具参考点没有碰到工件固定点上。

重定位验证方法： 操纵机器人绕新建工具坐标系的x轴、y轴、z轴进行重定位运动，检查末端执行器的末端与固定点之间是否存在偏移。

如果没有发生偏移或偏移量很小，则建立的工具坐标系是正确的；如果发生明显偏移（dL指偏移距离），如图7.10所示，则建立的工具坐标系不适用，需要重新建立工具坐标系。

图7.10   偏移距离

7.6.2   工件坐标系建立

1. 建立原理

工件坐标系是定义在对应工件上的坐标系，用于确定该工件相对于其他坐标系的位置。

机器人可以拥有若干工件坐标系，用于表示不同工件或者同一个工件在不同位置的若干种情况。工件坐标系建立完成后的效果如图7.11所示。本书以FANUC机器人为例，说明工件坐标系建立方法。

● 工件坐标系
  建立

图7.11   工件坐标系效果图

工件坐标系的建立是采用三点法：原点、x轴方向点和xy平面上点。

三点法建立工件坐标系的原理如下：

（1）在工件平面上找一个方便计算其他位置点的固定参考点作为工件坐标系的原点，如图7.12(a)所示。

（2）手动操纵机器人，用原点和期望建立的工件坐标系x轴方向上某一点来确定x轴正方向，用期望建立的工件坐标系y轴方向上某一点来确定y轴正方向，如图7.12(b)所示。

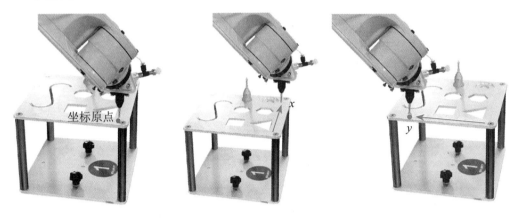

(a) 原点   (b) x轴方向点   (c) xy平面上点

图7.12　三点法建立工件坐标系的原理示意图

（3）手动操纵机器人，用原点和期望建立的工件坐标系xy平面上某一点来确定y轴正方向，如图7.12(c)所示。

（4）根据笛卡尔直角坐标系的正交右手定则，可以确定z轴正方向，从而得到工件坐标系，如图7.11所示。

2. 验证工件坐标系

工件坐标系建立完成后，需要利用机器人线性运动对新建的坐标系进行验证，验证操作步骤如下。

第一步：将示教系统中的工具、工件坐标系分别修改成新建立的工具、工件坐标系。

第二步：手动操纵机器人，将工具坐标系原点移至工件坐标系原点位置。

第三步：选择"线性运动"模式，手动操纵机器人。

第四步：沿x轴正方向移动，观察机器人行走路径是否沿工件x轴边缘移动。

第五步：沿y轴正方向移动，观察机器人行走路径是否沿工件y轴边缘移动。

上述第四步、第五步中，若机器人沿x、y轴边缘移动，则新建的工件坐标系是正确的；否则新建的工件坐标系是错误的，需重新建立工件坐标系。

7.6.3　运动轨迹

运动轨迹是机器人为完成某一作业，工具中心点（TCP）所掠过的路径，它是机器人示教的重点。

工业机器人的运动轨迹分类如下：

➤ 按运动方式分为**点位运动**和**连续路径运动**两种。

●运动轨迹与
作业条件及顺序

➤按运动路径种类分为直线运动、圆弧运动和曲线运动3种。

1. 点位运动和连续路径运动

（1）点位运动（Point to Point，PTP）。

点位运动只关心机器人末端执行器运动的起始点和目标点位姿，而不关心这两点之间的运动轨迹。这种运动是沿最快速的轨迹移动（一般情况下不是沿直线运动），此时机器人所有轴进行同步转动，因此该运动轨迹不可精确预知。例如，在图7.13中，如果要求机器人末端执行器由A点点位运动到B点，则机器人的运动路径可以是①~③中的任意一个，这是由机器人控制系统自身决定的。但是如果机器人沿路径③运动，可能会出现机器人末端执行器与模块碰撞的情况，所以在有安全隐患的情况下，不能使用点位运动。

点位运动方式可以完成无障碍条件下的搬运、点焊等作业操作。

图7.13　工业机器人路径运动方式

（2）连续路径运动（Continuous Point，CP）。

连续路径运动不仅要使机器人末端执行器达到目标点的精度，而且必须保证机器人能沿所期望的轨迹在一定精度范围内重复运动。例如，在图7.13中，如果要求机器人末端执行器由A点直线运动到B点，则机器人只能沿直线路径②运动。

连续路径运动方式可完成机器人弧焊、涂装等操作。

　机器人连续路径运动的实现以点位运动为基础，在相邻两点之间采用满足精度要求的直线或圆弧轨迹插补运算即可实现轨迹的连续化。

2. 直线运动、圆弧运动和曲线运动

机器人的末端执行器从起始点运动至目标点的过程中，如果这两点之间的运动轨迹是直线，则机器人的运动为直线运动；如果这两点之间的运动轨迹是圆弧，则机器人的运动为圆弧运动；而如果这两点之间的运动轨迹是直线与圆弧的自由组合形式，则机器人的运动为曲线运动。

　　示教时，不可能将机器人作业运动轨迹上所有的点都示教一遍，这既费时又占用大量的存储空间。实际上，对于有规律的轨迹，原则上仅需示教几个程序点（也称示教点）。例如，直线运动示教起始点和目标点两个程序点；圆弧运动示教起始点、中间点和目标点3个程序点。在具体操作过程中，通常采用PTP方式示教各段运动轨迹的端点，而端点之间的CP运动由机器人控制系统的路径规划模块插补运算产生。

　　例如，当再现图7-14所示的运动轨迹时，机器人按照程序点1输入的插补方式和再现速度，从当前点移动至程序点1的位置。然后，在程序点1与2之间，按照程序点2输入的插补方式和再现速度移动。以此类推，机器人按照目标程序点输入的插补方式和再现速度移动至目标位置。

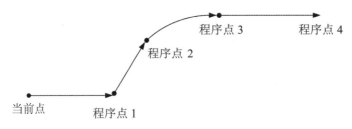

图7.14　机器人运动轨迹

　　由此可见，机器人运动轨迹的示教主要是确定程序点的属性。一般而言，每个程序点主要包括4部分信息：**位置坐标、插补方式、再现速度和作业点/空走点**。

　　➢ **位置坐标**：描述机器人TCP的6个自由度。

　　➢ **插补方式**：机器人再现运行时，决定程序点与程序点之间以何种轨迹移动的方式称为插补方式。工业机器人作业示教常用的插补方式有3种：关节插补、直线插补和圆弧插补，见表7.2。

　　➢ **再现速度**：机器人再现运行时，程序点与程序点之间的移动速度。

　　➢ **作业点/空走点**：机器人再现运行时，需要决定从当前程序点移动到下一个程序点是否实施作业。作业点是指当前程序点移动至下一个程序点的整个过程中需要实施的作业，主要用于作业开始点和作业中间点两种情况；空走点指当前程序点移动至下一个程序点的整个过程中不需要实施的作业，主要用于作业点以外的程序点。

　　在作业开始点和作业结束点一般都有相应的作业动作命令，例如YASKAWA机器人的焊接作业开始命令ARCON和结束命令ARCOF、搬运作业开始命令HAND ON和结束命令HAND OFF等。

　　👉作业区间的再现速度一般按作业参数中指定的速度移动，而空走区间的移动速度是按移动命令中指定的速度移动。

表7.2　工业机器人的常见插补方式

插补方式	动作描述	动作示意图
关节插补	机器人在未设定哪种轨迹移动时，默认采用关节插补。出于安全考虑，一般在程序点 1 用关节插补方式示教	
直线插补	机器人以直线运动形式从前一个程序点移动至当前程序点。直线插补方式主要用于直线运动的作业示教	
圆弧插补	机器人沿着用于圆弧插补示教的 3 个程序点执行圆弧轨迹移动。圆弧插补主要用于圆弧运动的作业示教	

7.6.4　作业条件

为获得更好的产品质量与作业效果，在机器人再现之前，有必要合理配置其作业的工艺条件。例如，焊接作业时的电流、电压、速度、保护气体流量等；涂装作业时的涂液吐出量、旋杯旋转和高电压等。

工业机器人作业条件的输入方法有3种形式：**使用作业条件文件、在作业命令的附加项中直接设定和手动设定。**

> **使用作业条件文件**

输入作业条件的文件称为作业条件文件。使用这些文件，可以使作业命令的应用更为简便。例如，对机器人弧焊作业而言，焊接条件文件有引弧条件文件（输入引弧时的条件）、熄弧条件文件（输入熄弧时的条件）和焊接辅助条件文件（输入再引弧功能、再启动动能及自动解除粘丝功能）3种。每种文件的调用以编号形式指定。

> **在作业命令的附加项中直接设定**

采用此方法进行作业条件设定，首先需要了解工业机器人的语言形式，或者程序编辑界面的构成要素。由图7.15可知，程序语句一般由行标号、命令及附加项3部分组成。要修改附加项数据，将光标移动至相应语句上，然后点按示教器上的相关按键即可。

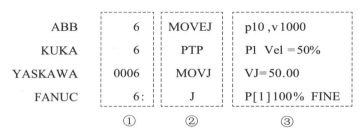

图7.15　程序语句的主要构成要素

①—行标号；②—命令；③—附加项

> **手动设定**

在某些应用场合下，相关作业参数需要手动进行设定。例如，弧焊作业时的保护气体流量，点焊作业时的焊接参数等。

7.6.5　作业顺序

与作业条件的设置类似，合理的作业顺序不仅可以保证产品质量，而且可以有效提高效率。一般而言，作业顺序的设置主要涉及两方面：**作业对象的工艺顺序和机器人与外围周边设备的动作顺序**。

> **作业对象的工艺顺序**

有关这方面的内容基本已融入机器人运动轨迹的合理规划部分。即在简单作业场合，作业顺序的设定与机器人运动轨迹的示教合二为一。

> **机器人与外围周边设备的动作顺序**

在工业实际应用中，机器人要完成期望作业，需要依赖其控制器与周边辅助设备的有效配合，相互协调使用，以减少停机时间、降低设备故障率、提高安全性，并获得理想的作业质量。

7.6.6　示教步骤

通过在线示教方式为机器人输入从工件A点到B点的焊接作业程序，该过程的程序由6个程序点组成（编号1~6），每个程序点的用途说明如图7.16所示。

机器人焊接加工具体在线示教流程如图7.17所示。

1. 示教前的准备

机器人开始示教前，需要做好如下准备：

（1）清洁工件表面。使用钢刷、砂纸等工具将钢板表面的铁锈、油污等清理干净。

（2）工件装夹。利用夹具将钢板固定在机器人工作台上。

（3）安全确认。确认操作者自己和机器人之间保持安全距离。

●示教步骤

（4）工具坐标系建立。手动操纵机器人新建合适的工具坐标系。

（5）工件坐标系建立。手动操纵机器人新建合适的工件坐标系。

（6）机器人原点位置复位。通过手动操作或调用原点位置程序将机器人复位至原点位置。

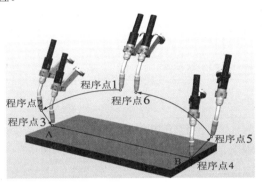

程序点	说明
程序点1	机器人原点位置
程序点2	作业接近点
程序点3	作业开始点
程序点4	作业结束点
程序点5	作业规避点
程序点6	机器人原点位置

为了提高工作效率，通常将程序点6和程序点1设在同一位置

图7.16　机器人焊接加工运动轨迹

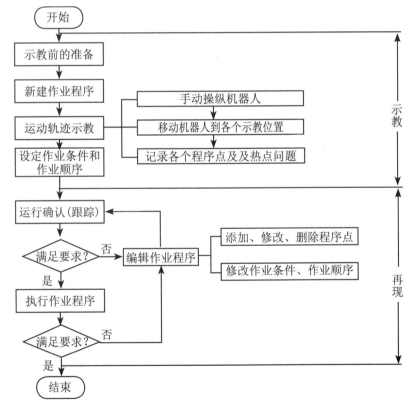

图7.17　机器人在线示教的基本流程

2. 新建作业程序

作业程序是用机器人语言描述机器人工作单元的作业内容，主要用于输入示教数据和机器人指令。通过示教器新建一个作业程序可以测试、再现示教动作。程序的编写及

应用详见7.7小节。

3. 程序点的输入

以图7.16所示的运动轨迹为例，给机器人输入一段直线焊缝的作业程序。处于待机状态的位置程序点1和程序点6，要处于与工件、夹具等互不干涉的位置。另外，机器人末端执行器由程序点5向程序点6移动时，也要处于与工件、夹具等互不干涉的位置。具体示教方法见表7.3。

表7.3　运动轨迹示教方法

程序点	示教方法
程序点 1 （机器人原点位置）	①工具工件坐标系建立完成后，手动操纵机器人移动至原点位置 ②将程序点属性设定为"空走点"，插补方式选"关节插补" ③将机器人原点位置设置为程序点 1
程序点 2 （作业接近点）	①手动操纵机器人移动至作业接近点 ②将程序点属性设定为"空走点"，插补方式选"关节插补" ③将作业接近点设置为程序点 2
程序点 3 （作业开始点）	①手动操纵机器人移动至作业开始点 ②将程序点属性设定为"作业点/焊接点"，插补方式选"直线插补" ③将作业开始点设置为程序点 3
程序点 4 （作业结束点）	①手动操纵机器人移动至作业结束点 ②将程序点属性设定为"空走点"，插补方式选"直线插补" ③将作业结束点设置为程序点 4
程序点 5 （作业规避点）	①手动操纵机器人移动至作业规避点 ②将程序点属性设定为"空走点"，插补方式选"直线插补" ③将作业规避点设置为程序点 5
程序点 6 （机器人原点位置）	① 手动操纵机器人移动至原点位置 ②将程序点属性设定为"空走点"，插补方式选"关节插补" ③将机器人原点位置设置为程序点 6

对于程序点6的示教，在示教器显示屏的通用显示区（程序编辑界面），利用文件编辑功能（如剪切、复制、粘贴等），可快速复制程序点1位置。典型程序点的编辑见表7.4。

表7.4　典型程序点的编辑

示教点编辑	操作要领	动作示意图
添加	①使用示教器跟踪功能将机器人移动至程序点1位置 ②手动操作机器人移动至新的目标位置（程序点3） ③使用示教器添加指令功能记录程序点3	程序点3 程序点1　程序点2
修改	①使用示教器跟踪功能将机器人移动至程序点2位置 ②手动操作机器人移动至新的目标位置 ③使用示教器修改指令功能记录程序点3	程序点2 程序点1　程序点3
删除	①使用示教器跟踪功能将机器人移动至程序点2位置 ②使用示教器删除指令功能删除程序点2	程序点2 程序点1　程序点3

注：⁃⁃⁃▶：编辑前的运动路径；——▶：编辑 后的运动路径

4. 设定作业条件和作业顺序

本例中焊接作业条件的输入，主要包括3个方面。

（1）在作业开始命令中设定焊接开始规范及焊接开始动作次序。

（2）在焊接结束命令中设定焊接结束规范及焊接结束动作次序。

（3）手动调节保护气体流量。在编辑模式下合理配置焊接工艺参数。

5. 检查试运行

在完成机器人运动轨迹和作业条件输入后，需试运行测试一下程序，以便检查各程序点及参数设置是否正确，即跟踪。**跟踪的主要目的是检查示教生成的动作以及末端执行器姿态是否已被记录**。一般工业机器人可采用以下两种跟踪方式来确认示教的轨迹与期望是否一致。

➢ **单步运行**。机器人通过**逐行执行**当前行（光标所在行）的程序语句，来实现两个临近程序点间的单步正向或反向移动。执行完一行程序语句后，机器人动作暂停。

➢ **连续运行**。机器人通过**连续执行**作业程序，从程序的当前行至程序的末尾，来完成多个程序点的顺序连续移动。该方式只能实现正向跟踪，常用于作业周期估计。

确认机器人附近无其他人员后，按以下顺序执行作业程序的测试运行：

（1）打开要测试的程序文件。

（2）移动光标至期望跟踪程序点所在的命令行。

（3）操作示教器上的有关跟踪功能的按键，实现机器人的单步或连续运行。

执行检查运行时，不执行起弧、涂装等作业命令，只执行运动轨迹再现。

6. 再现运行

示教操作生成的作业程序，经测试无误后，将【模式选择】调至再现/自动模式，通过运行示教过的程序即可完成对工件的再现作业。

工业机器人程序的启动有两种方法：手动启动和自动启动。

➤ **手动启动**。使用示教器上的【启动按钮】来启动程序，该方法适用于作业任务编程及其测试阶段。

➤ **自动启动**。利用外部设备输入信号来启动程序，该方式在实际生产中经常采用。

在确认机器人的运行范围内没有其他人员或障碍物后，接通保护气体，采用手动启动方式来实现自动焊接作业，操作顺序如下：

（1）打开要再现的作业程序，并移动光标至该程序的开头。

（2）切换【模式选择】至再现/自动模式。

（3）按示教器上的【安全开关】，接通伺服电源。

（4）按【启动按钮】，机器人开始运行，实现从工件A点到B点的焊接作业再现操作。

执行程序时，光标会跟随再现过程移动，程序内容会自动滚动显示。

7.7　基础编程

工业机器人在线示教时，只有熟练掌握机器人的编程语言，才能快速地新建作业程序。目前工业机器人编程语言还没统一，各大工业机器人生产厂商都有自己的编程语言，如ABB机器人的编程用RAPID语言、KUKA机器人用KRL语言、YASKAWA机器人用Moto-Plus语言、FANUC机器人用KAREL语言等。其中大部分机器人编程语言类似C语言，也有例外，如Moto-Plus语言类似Pascal语言等。

●基础编程
（1）

由于一般用户涉及的语言都是机器人公司自己开发针对用户的语言平台，比较容易理解，且机器人所具有的功能基本相同，所以各家机器人编程语言的特性差别不大。只需掌握某种品牌机器人的编程语言，对于其他厂家机器人的语言就很容易理解。

工业机器人的程序包括**数据变量**和**编程指令**等。其中，数据变量是在程序中设定的一些环境变量，可以用来进行程序间的信息接收和传递等；编程指令包括**基本运动指令、跳转指令、作业指令、I/O指令、寄存器指令**等。

☞各公司机器人编程语言中的数据变量和编程指令各不相同，具体请参照各公司机器人操作手册或使用说明书。

7.7.1　基本运动指令

工业机器人常用的基本运动指令有关节运动指令、线性运动指令和圆弧运动指令。

关节运动指令：机器人用最快捷的方式运动至目标点。此时机器人运动状态不完全可控，但运动路径保持唯一。常用于机器人在空间中大范围移动。

线性运动指令：机器人以直线移动方式运动至目标点。当前点与目标点两点决定一条直线，机器人运动状态可控，且运动路径唯一，但可能出现奇点。常用于机器人在工作状态下移动。

圆弧运动指令：机器人通过中间点以圆弧移动方式运动至目标点。当前点、中间点与目标点三点决定一段圆弧。机器人运动状态可控，运动路径保持唯一。常用于机器人在工作状态下移动。

四大家族工业机器人的常用基本运动指令见表7.5。

表7.5　四大家族的常用基本运动指令

运动方式	运动路径	基本运动指令			
		ABB	KUKA	YASKAWA	FANUC
点位运动	PTP	MoveJ	PTP	MOVJ	J
连续路径运动	直线	MoveL	LIN	MOVL	L
	圆弧	MoveC	CIRC	MOVC	C

1. 关节运动指令和线性运动指令

机器人线性运动与关节运动的示意图如图7.18所示。

说明：
①假设机器人示教时关节运动的最大速度为5 000 mm/s
②逼近程度是指机器人通过示教位置时，实际运行轨迹与示教位置的接近程度。一般是圆滑过渡到下一个程序点

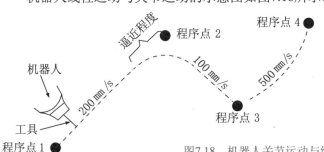

图7.18　机器人关节运动与线性运动

在程序中添加基本运动指令时，一般要指定该指令是在哪个工具坐标系下运行。

图7.18中机器人从程序点1运动至程序点4的程序见表7.6。

表7.6　四大家族机器人的线性运动与关节运动程序

程序输入	注释
ABB 机器人： MoveL p2,v200,z10,tool1\wobj:=wobj0; MoveL p3,v100,fine,tool1\wobj:=wobj0; MoveJ p4,v500,fine,tool1\wobj:=wobj0;	MoveL：线性运动指令 MoveJ：关节运动指令 p2：目标位置名称，即程序点 2 p3：目标位置名称，即程序点 3 p4：目标位置名称，即程序点 4 v200：移动速度为 200 mm/s v100：移动速度为 100 mm/s v500：移动速度为 500 mm/s z10：转弯区数据，表示逼近程度，转弯圆弧半径为 10 mm，且在该点不停顿，直接运行至下一程序点 fine：实际位置与示教位置重合，且在该点停顿 tool1：指令运行时所指定使用的工具坐标系 wobj0：指令运行时所指定使用的工件坐标系
KUKA 机器人： LIN P2 CONT Vel=0.2m/s CPDAT1 ADAT1 Tool[2]:tool Base[2]:base LIN P3 Vel=0.1m/s CPDAT2 Tool[2]:tool Base[2]:base PTP P4 Vel=10% PDAT1 Tool[2]:tool Base[2]:base	LIN：线性运动指令 PTP：关节运动指令 P2：目标位置名称，即程序点 2 P3：目标位置名称，即程序点 3 P4：目标位置名称，即程序点 4 Vel=0.2 m/s：移动速度为 0.2 m/s Vel=0.1 m/s：移动速度为 0.1 m/s Vel=10%：移动速度占关节运动最大速度的比率，指移动速度为关节最大运动速度的 10%，即 500 mm/s CONT：目标点被实际轨迹逼近。而空白表示机器人将精确移动至目标点 CPDAT1、CPDAT2：线性运动数据组名称 PDAT1：关节运动数据组名称 ADAT1：含逻辑参数的数据组名称，可被隐藏 Tool[2]：指令运行时所指定使用的工具坐标系 Base[2]：指令运行时所指定使用的工件坐标系

续表7.6

程序输入	注释
YASKAWA 机器人： MOVL　V=200　PL=2　NWAIT　UNTIL IN#(16)=ON MOVL　V=100　PL=0　NWAIT　UNTIL IN#(16)=ON MOVJ　VJ=10.00　PL=0　NWAIT　UNTIL IN#(16)=ON	MOVL：线性运动指令 MOVJ：关节运动指令 V=200：移动速度为 200 mm/s V=100：移动速度为 100 mm/s VJ=10.00：移动速度占关节运动最大速度的比率，指移动速度为关节最大运动速度的 10%，即 500 mm/s PL=2：位置等级为 2，表示逼近程度。而位置等级为 0 表示机器人将精确移动至目标点 NWAIT UNTIL IN#(16)=ON：表示当输入信号 IN#(16)等于 1 时，执行该运动指令
FANUC 机器人： L P[2] 200 mm/sec CNT10 L P[3] 100 mm/sec FINE J P[4] 10% FINE	L：线性运动指令 J：关节运动指令 P[2]：目标位置名称，即程序点 2 P[3]：目标位置名称，即程序点 3 P[4]：目标位置名称，即程序点 4 200 mm/sec：移动速度为 200 mm/s 100 mm/sec：移动速度为 100 mm/s 10%：移动速度占关节运动最大速度的比率，指移动速度为关节运动最大速度的10%，即 500 mm/s CNT10：圆滑过渡，表示逼近程度。且在该点不停顿，直接运行至下一程序点 FINE：在目标位置停顿后，向下一程序点移动

2. 圆弧运动指令

机器人圆弧运动的示意图如图7.19所示。

●基础编程
（2）

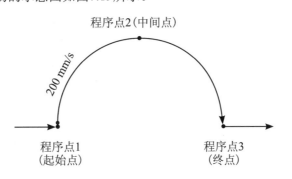

程序点2(中间点)

200 mm/s

程序点1
(起始点)

程序点3
(终点)

图7.19　机器人圆弧运动

在程序中添加基本运动指令时，一般要指定该指令是在哪个工具坐标系下运行。图7.19中机器人从程序点1运动至程序点3的程序见表7.7。

表7.7　四大家族机器人的圆弧运动程序

程序输入	注释
ABB 机器人： MoveL p1,v100,fine,tool1\wobj:=wobj0; MoveC p2,p3,v200,fine,tool1\wobj:=wobj0;	MoveC：圆弧运动指令 p1：圆弧起始点，即程序点 1 p2：圆弧中间点，即程序点 2 p3：圆弧终点，即程序点 3 v200：沿圆弧移动的速度为 200 mm/s 其余参数含义参照表7.6
KUKA 机器人： LIN P1 Vel=0.1m/s CPDAT1 Tool[2]:tool Base[2]:base CIRC P2 P3 Vel=0.2m/s CPDAT2 ANGLE=180º Tool[2]:tool Base[2]:base	CIRC：圆弧运动指令 p1：圆弧起始点，即程序点 1 p2：圆弧中间点，即程序点 2 p3：圆弧终点，即程序点 3 Vel=0.2 m/s：沿圆弧移动的速度为 0.2 m/s ANGLE=180º：圆心角，表示机器人在执行圆弧运动时所转过的角度。图例中圆心角为 180º 其余参数含义参照表7.6
YASKAWA 机器人： MOVC V=200 PL=0 NWAIT MOVC V=200 PL=0 NWAIT MOVC V=200 PL=0 NWAIT	MOVC：圆弧运动指令 连续 3 条 MOVC 指令表示确定圆弧运动的 3 个点：圆弧起始点（程序点 1）、圆弧中间点（程序点 2）、圆弧终点（程序点 3） V=200：沿圆弧移动的速度为 200 mm/s NWAIT：表示连续执行 其余参数含义参照表7.6
FANUC 机器人： L P[1] 100 mm/sec FINE C P[2] 　 P[3] 200 mm/sec FINE	C：圆弧运动指令 P[1]：圆弧起始点，即程序点 1 P[2]：圆弧中间点，即程序点 2 P[3]：圆弧终点，即程序点 3 200 mm/sec：沿圆弧移动的速度为200 mm/s 其余参数含义参照表7.6

7.7.2 其他指令

其他指令包括：作业指令、I/O指令、寄存器指令、跳转指令等。这些指令的具体运用请参考机器人手册或操作说明书。

> **作业指令**

这类指令是根据工业机器人具体应用领域而编制的，例如搬运指令、码垛指令、焊接指令（见表7.8）等。

表7.8 四大家族的弧焊作业指令

类别	弧焊作业指令			
	ABB	KUKA	YASKAWA	FANUC
焊接开始	ArcLStart/ ArcCStart	ARC_ON	ARCON	Arc Start
焊接结束	ArcLEnd/ ArcCEnd	ARC_OFF	ARCOF	ArcEnd

> **I/O指令**

该类指令可以读取外部设备输入信号或改变输出信号状态。

> **寄存器指令**

该类指令用于进行寄存器的算术运算。

> **跳转指令**

这类指令能够改变程序的执行方式，使执行程序中的某一行转移至其他行，如程序结束指令、条件指令、循环指令、判断指令等。

7.8 离线编程

目前，工业机器人常用的示教方式有两种：在线示教和离线编程。

离线编程是针对机器人在线示教存在时效性差、效率低且具有安全隐患等缺点而产生的一种技术，它不需要操作者对实际作业的机器人进行在线示教，而是通过离线编程系统对作业过程进行程序编程和虚拟仿真，这大大提高了机器人的使用效率和工业生产的自动化程度。

● 离线编程

7.8.1 特 点

离线编程是利用计算机图形学的成果，在其软件系统环境中创建工业机器人系统及其作业场景的几何模型，通过对模型的控制和操作，使用机器人编程语言描述机器人的作业过程，然后对编程的结果进行虚拟仿真，离线计算、规划和调试机器人程序的正确性，并生成机器人控制器能够执行的程序代码，最后通过通信接口发送给机器人控制器。

离线编程与在线示教的特点对比见表7.9。

表7.9　在线示教与离线编程的特点对比

在线示教	离线编程
需要实际机器人系统和作业环境	需要机器人系统和作业环境的几何模型
编程时机器人停止作业	编程时不影响机器人作业
在实际系统上试运行程序	通过虚拟仿真试验程序
操作者的经验决定编程质量	可用CAD方法进行最佳轨迹规划
难以实现复杂的机器人运行轨迹	能够实现复杂运行轨迹的编程
适用于大批量生产、工作任务相对简单且不变化的作业任务	适合中、小批量的生产要求

市场上的离线编程软件有：ABB机器人的RobotStudio软件、KUKA机器人的Sim Pro软件、YASKAWA机器人的MotoSim EG-VRC软件、FANUC机器人的ROBOGUIDE软件、EPSON机器人的RC+软件等，大多数机器人公司将这些软件作为用户的选购附件出售。

7.8.2　基本步骤

通过离线编程方式为机器人输入图7.14所示的焊接作业程序，具体离线编程流程如图7.20所示。

1. 系统几何建模

对工业机器人及其辅助系统进行三维几何建模是离线编程的首要任务。目前的离线编程软件一般都具有简单的建模功能，但对于复杂系统的三维模型而言，通常是通过其他CAD软件（如Solidworks、Pro/E、UG等）将其转换成IGES、DXF等格式文件导入离线编程软件中。

👉 如果机器人及其辅助系统模型是由其他CAD软件绘制导入，则需要考虑参考坐标系是否一致。

2. 空间布局

在离线编程软件内置的配套机器人系统中，根据实际作业系统的装配和安装布局情况，把机器人及其辅助系统模型在仿真环境中进行空间布局。

3. 运动规划

新建作业程序，通过软件操作将机器人移动至各程序点位置，并记录各点坐标及其属性。对此过程的运动规划主要包括两个方面：**作业位置规划**和**作业路径规划**。

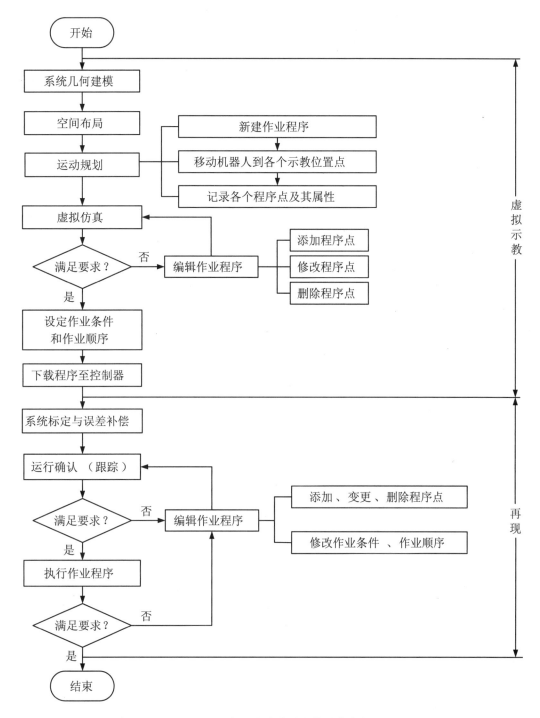

图7.20　工业机器人离线编程的基本流程

作业位置规划的主要目的是在机器人工作空间范围内，尽量减少机器人在作业过程中的极限运动或避免机器人各轴的极限位置；作业路径规划的主要目的是在保证末端执行器作业姿态的前提下，避免各程序点机器人与工件、夹具、周边设备等发生碰撞。

4. 虚拟仿真

在虚拟仿真模块中，软件系统会对运行规划的结果进行三维模型动画仿真，模拟完整作业过程，检查末端执行器发生碰撞的可能性以及机器人的运动轨迹是否合理，并计算机器人每个工步的操作时间和整个作业过程的循环周期，为离线编程结果的可行性提供参考。

5. 程序生成及传输

如果虚拟仿真效果完全满足实际作业需求，就可以将仿真用的作业程序生成机器人实际作业所需的程序代码，并通过通信接口下载到机器人控制器，控制机器人执行指定的作业任务。

6. 运行确认与再现

出于安全考虑以及实际误差存在，离线编程生成的目标作业程序在自动运行前必须进行跟踪试运行。具体操作请参照在线示教过程中的"检查试运行"。经确认无误后，方可再现焊接作业。

开始再现前，要进行工件表面的清理与装夹、机器人原点位置确认等准备工作。

本章小结

在操作机器人之前必须严格遵守相关的安全操作规程，避免操作人员受到伤害和机器人设备等受到损坏。安全操作规程一般可以分为两类：行业安全操作规程和机器人的安全操作规程。

工业机器人项目在实施过程中主要有8个环节：项目分析、机器人组装、机器人原点校准、工具坐标系建立、工件坐标系建立、I/O信号配置、编程和自动运行。

在首次组装工业机器人过程中，要根据实际要求选择合适的安装方式，并连接好机器人系统之间的连接电缆。

手动操纵机器人运动时，其移动方式有点动和连续移动两种；运动模式有单轴运动、线性运动和重定位运动3种。而无论采取哪种方式手动操纵机器人运动，其基本操作流程均可归纳为：操作前的准备和手动操纵机器人。

不论是在线示教还是离线编程，操作人员必须预先赋予机器人完成作业所需的信息，主要内容包括工具工件坐标系建立、运动轨迹、作业条件和作业顺序。

工业机器人在线示教时，新建作业程序中的基本运动指令有关节运动指令、线性运动指令和圆弧运动指令3种。

思考题

1. 操纵工业机器人时必须严格遵守的安全操作规程一般分为哪几类？概述各部分内容。

2. 工业机器人项目在实施过程中主要有哪几个环节？

3. 一般工业机器人安装方式有哪几种？

4. 工业机器人系统之间的电缆线连接主要分几种情况？

5. 手动操纵工业机器人运动时，其移动方式有哪几种？分别适用什么场合？

6. 手动操纵工业机器人运动时，其运动模式有哪几种？

7. 手动操纵工业机器人运动的基本操作流程可归纳为几个部分？概述各部分内容。

8. 工业机器人工具坐标系的建立方法主要有几种？

9. 常用多点标定法有几种？概述各方法之间的区别。

10. 概述6点法建立工具坐标系的原理。

11. 如何验证新建的工具坐标系是否满足要求？

12. 建立工件坐标系的原理是什么？

13. 如何验证新建的工件坐标系是否满足要求？

14. 工业机器人示教时的运动轨迹分为哪几类？

15. 工业机器人示教时运动轨迹中每个程序点主要包括几部分信息？

16. 工业机器人作业示教常用的插补方式有哪几种？

17. 工业机器人示教时作业条件的输入方法有哪几种形式？

18. 工业机器人示教时作业顺序的设置主要涉及几个方面？

19. 概述工业机器人在线示教的操作步骤。

20. 工业机器人常用的基本运动指令有哪些？

21. 什么是离线编程？对比离线编程与在线示教的特点。

22. 概述工业机器人离线编程的操作步骤。

第8章 工业机器人应用

过去十多年，全球工业机器人景气度较高。据国际机器人联合会（IFR）的统计，2019年，我国工业机器人的销量仍处于高位，累计销量14.05万台，而汽车产业和电气电子产业是其增长的主要驱动力。汽车、电子电器、工程机械、食品、医疗等行业已经大量使用工业机器人以实现自动化生产线，而工业机器人自动化生产线成套设备已经成为自动化装备的主流及未来发展的方向。

工业机器人的应用包括搬运、焊接、锻造、打磨、装配、喷涂和码垛等复杂作业。本章将对工业机器人的常见应用进行相应介绍。

学习目标

1. 熟悉搬运机器人及其应用。

2. 熟悉码垛机器人及其应用。

3. 熟悉装配机器人及其应用。

4. 熟悉打磨机器人及其应用。

5. 熟悉焊接机器人及其应用。

● 搬运机器人及其分类

8.1　搬运机器人

搬运机器人是可以进行自动搬运作业的工业机器人，搬运时其末端执行器夹持工件，将工件从一个加工位置移动至另一个加工位置。

搬运机器人具有如下优点：

（1）动作稳定，搬运准确性较高。

（2）定位准确，保证批量一致性。

（3）能够在有毒、粉尘、辐射等危险环境下作业，改善工人劳动条件。

（4）生产柔性高、适应性强，可实现多形状、不规则物料搬运。

（5）能够部分代替人工操作，且可以进行长期重载作业，生产效率高。

（6）降低制造成本，提高生产效益，实现工业自动化生产。

基于以上优点，搬运机器人广泛应用于机床上下料、压力机自动化生产线、自动装配流水线、集装箱搬运等场合。

8.1.1 分 类

按照结构形式不同，搬运机器人可分为3大类：**直角式搬运机器人、关节式搬运机器人和并联式搬运机器人**，关节式搬运机器人又分水平关节式和垂直关节式搬运机器人，如图8.1所示。

水平关节式　　　垂直关节式

(a) 直角式　　　　　　　　(b) 关节式　　　　　　　　(c) 并联式

图8.1　搬运机器人分类

> **直角式搬运机器人**

直角式搬运机器人主要由x轴、y轴和z轴组成。多数采用模块化结构，可根据负载位置、大小等选择对应直线运动单元以及组合结构形式。如果在移动轴上添加旋转轴就成为4轴或5轴搬运机器人。此类机器人具有较高的强度和稳定性，负载能力大，可以搬运大物料、重吨位物件，且编程操作简单，广泛应用于生产线转运、机床上下料等大批量生产过程，如图8.2所示。

> **关节式搬运机器人**

关节式搬运机器人是目前工业领域应用最广泛的机型，具有结构紧凑、占地空间小、相对工作空间大、自由度高等特点。

（1）水平关节式搬运机器人。

一般为4个轴，是一种精密型搬运机器人，具有速度快、精度高、柔性好、重复定位精度高等特点，在垂直升降方向刚性好，尤其适用于平面搬运场合。广泛应用于电子、机械和轻工业等产品的搬运，如图8.3所示。

（2）垂直关节式搬运机器人。

多为6个自由度，其动作接近人类，工作时能够绕过基座周围的一些障碍物，动作灵活。广泛应用于汽车、工程机械等行业，如图8.4所示。

> **并联式搬运机器人**

多指DELTA并联机器人，它具有3~4个轴，是一种轻型、高速搬运机器人，能安装于大部分斜面，独特的并联机构可实现快速、敏捷动作且非累积误差较低。具有小巧高效、安装方便和精度高等优点，广泛应用于IT、电子产品、医疗药品、食品等领域，如图8.5所示。

图8.2　直角式搬运机器人搬运乒乓球

图8.3　水平关节式搬运机器人搬运电子产品

图8.4　关节式搬运机器人搬运箱体

图8.5　并联式搬运机器人搬运瓶状物

8.1.2　系统组成

搬运机器人系统主要由**操作机、控制器、示教器、搬运作业系统和周边设备**组成。图8.6所示为关节式搬运机器人系统组成。

●搬运机器人
系统组成

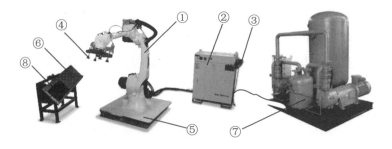

图8.6　哈工海渡搬运机器人的系统组成

①—操作机；②—控制器；③—示教器；④—末端执行器（吸盘）；⑤—机器人安装平台；
⑥—工件摆放装置；⑦—真空负压站；⑧—工件

➢ **搬运作业系统**

搬运作业系统主要由搬运型末端执行器和真空负压站组成。通常企业都会有一个大型真空负压站，为整个生产车间提供气源和真空负压。一般由单台或双台真空泵作为获得真空环境的主要设备，以真空罐为真空存储设备，连接电气控制部份组成真空负压站。双泵工作可加强系统的保障性。对于频繁使用真空源而所需抽气量不太大场合，该真空站系统比直接使用真空泵做真空源节约了能源，并有效延长真空泵的使用寿命，提高企业的经济效益。

➢ **周边设备**

周边设备包括安全保护装置、机器人安装平台、输送装置、工件摆放装置等，用以辅助搬运机器人系统完成整个搬运作业。对于某些搬运场合，由于搬运空间较大，搬运机器人的末端执行器往往无法到达指定的搬运位置或姿态，此时需要通过外部轴的办法来增加机器人的自由度。搬运机器人增加自由度最常用的方法是利用移动平台装置，将其安装在地面或龙门支架上，扩大机器人的工作范围，如图8.7所示。

(a) 地面移动平台　　　　　　　　　　　(b) 龙门支架移动平台

图8.7　移动平台装置

操作机、控制器、示教器、搬运型末端执行器等在前面相关章节做了详细介绍，不再赘述。而各大生产商的工业机器人都有其对应的应用领域，相关信息可以通过机器人技术手册或官网查询。

8.2　码垛机器人

码垛机器人是指能够把相同（或不同）外形尺寸的包装货物，整齐、自动地码成堆的机器人，也可以将堆叠好的货物拆开。

码垛机器人的主要优点有：

（1）结构简单，操作方便，易于保养及维修。

（2）能耗低，降低运行成本。

（3）占地面积小，工作空间大，场地使用率高。

（4）柔性高，可以同时处理多条生产线的不同产品。

（5）垛型和码垛层数可任意设置，垛型整齐，方便储存及运输。

（6）定位准确，稳定性能好。

码垛机器人广泛适用于箱、罐、包袋和板材类等形状货物的码垛，也可根据用户要求进行拆垛作业。

8.2.1　分　类

根据码垛机构的不同，码垛机器人可以分为直角式码垛机器人和关节式码垛机器人，如图8.8所示。

●码垛机器人
分类与码垛方式

(a) 直角式码垛机器人　　　　　　　　　　　　　(b) 关节式码垛机器人

图8.8　码垛机器人分类

➤ 关节式码垛机器人

在实际码垛生产线中，常见的码垛机器人是由4个轴和辅助连杆组成的，以增加力矩和保持平衡，而5轴、6轴码垛机器人使用相对较少。码垛机器人大多不能进行横向或纵向移动，主要用在物流线末端，其位置高度主要由生产线高度、托盘高度和码垛层数共同决定。

直角式码垛机器人与直角式搬运机器人相似，不再赘述。

8.2.2　码垛方式

工业应用中，常见的机器人码垛方式有4种：**重叠式、正反交错式、纵横交错式和旋转交错式**，如图8.9所示。

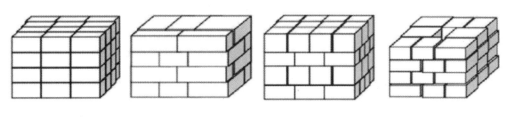

| (a) 重叠式 | (b) 正反交错式 | (c) 纵横交错式 | (d) 旋转交错式 |

图8.9 常见码垛方式

各码垛方式的说明及特点见表8.1。

表8.1 各码垛方式的说明和特点

码垛方式	说明	优点	缺点
重叠式	各层码放方式相同，上下对应，各层之间不交错堆码，是机械作业的主要形式之一，适用硬质整齐的物资包装	堆码简单，堆码时间短；承载能力大；托盘可以得到充分利用	不稳定，容易塌垛；堆码形式单一，美观程度低
正反交错式	同一层中，不同列的货物以90°垂直码放，而相邻两层之间相差180°。这种方式类似于建筑上的砌砖方式，相邻层之间不重缝	不同层间咬合强度较高，稳定性高，不易塌垛；美观程度高；托盘可以得到充分利用	堆码相对复杂，堆码时间相对加长；包装体之间相互挤压，下部分容易压坏
纵横交错式	相邻两层货物的摆放旋转90°，一层成横向放置，另一层成纵向放置，纵横交错堆码。	堆码简单，堆码时间相对较短；托盘可以得到充分利用	不稳定，容易塌垛；堆码形式相对单一，美观程度相对低
旋转交错式	第一层中每两个相邻的包装体互为90°，相邻两层间码放又相差180°，这样相邻两层之间互相咬合交叉	稳定性高，不易塌垛；美观程度高	中间形成空穴，降低托盘利用效率；堆码相对复杂，堆码时间相对长

8.2.3 系统组成

码垛机器人系统主要由操作机、控制器、示教器、码垛作业系统和周边设备组成。图8.10所示为关节式码垛机器人系统组成。

➤ **码垛作业系统**

该码垛作业系统主要由搬运型末端执行器、真空负压站和视觉系统组成。此部分可参考搬运机器人的搬运作业系统部分，而视觉系统详细

● 码垛机器人系统组成

介绍见6.3节，不再赘述。

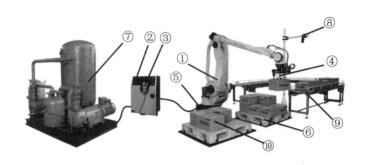

图8.10　码垛机器人的系统组成

①—操作机；②—控制器；③—示教器；④—末端执行器（吸盘）；⑤—机器人安装平台；
⑥—工件摆放装置（托盘）；⑦—真空负压站；⑧—视觉系统；⑨—输送系统；⑩—工件

> **周边设备**

周边设备包括安全保护装置、机器人安装平台、工件摆放装置（托盘）、倒袋机、整形机等，用以辅助码垛机器人系统完成整个码垛作业。

（1）倒袋机。

将输送过来的袋装物料按预定程序进行倒袋和转位，并输送到下道工序，如图8.11所示。

（2）整形机。

袋装物料经整形机辊子的压紧、整形，使袋内可能存在的积聚物均匀散开，并输送到下道工序，如图8.12所示。

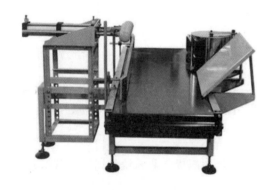

图8.11　倒袋机

图8.12　整形机

（3）输送系统。

输送系统广泛用于输送各种固体块状和粉料状物料袋或成件物品等，对于不同形状的码垛物、生产线规格等可选择不同形式的输送系统，如图8.13所示。

(a) 滚筒式输送系统

(b) 带式输送系统

(c) 哈工众志-智能输送系统

图8.13 输送系统

其中，智能输送系统一般应用于大型电商物流项目，可以根据仓库收货、分拣、存货、发货等流程，灵活配置输送、扫描、称重、分拣等设备，和固定货架完美融合。可以整批分流合流，也可以单一条码分拣。

（4）待码输送机。

待码输送机是码垛机器人生产线的专用输送装置，与夹持式末端执行器配套使用，用于抓取袋装码垛物，如图8.14所示。

（5）金属检测机。

金属检测机用于检测食品、医药、化装品、纺织品等生产过程中混入的金属异物，如图8.15所示。

图8.14 待码机

图8.15 金属检测机

8.3 装配机器人

装配机器人是指工业自动化生产中用于装配生产线上对零件或部件进行装

●装配机器人

配的一类工业机器人，是柔性自动化装配系统的核心设备。其主要特点有：

（1）精度高。具有极高的重复定位精度，确保装配精度符合生产要求。

（2）柔顺性好。可根据工艺需要配置不同末端执行器，以满足生产线多批次、小批量的多样生产要求。

（3）动作迅速，加速性能好，大大缩短工作循环周期。

（4）占地面积小，能与其他系统配套使用。

（5）可靠性好，作业稳定。

装配机器人广泛应用于各种电器制造、汽车及其零部件、计算机、医疗、食品、太阳能、玩具、机电产品及其组件的装配等领域。

8.3.1 分 类

装配机器人按照结构运动形式可分为2大类：直角式装配机器人和关节式装配机器人，关节式装配机器人又分为水平关节式、垂直关节式和并联式装配机器人。

此部分内容可参考搬运机器人分类，不再赘述。

与其他工业机器人相比，装配机器人的精度要求较高。原因在于搬运、码垛机器人等在移动物料时，其运动轨迹多为开放性，而装配机器人是一种约束运动类操作；机器人在进行焊接、喷涂等作业时，并没有与作业对象直接接触，仅进行运动轨迹示教，而装配机器人需要与作业对象直接接触，并进行相应动作。

8.3.2 系统组成

装配机器人系统主要由**操作机、控制器、示教器、装配作业系统**和**周边设备**组成。图8.16所示为并联式装配机器人系统组成。

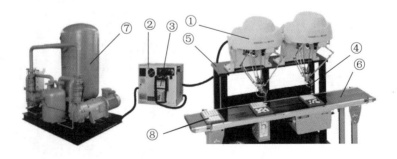

图8.16 装配机器人的系统组成

①—操作机；②—控制器；③—示教器；④—末端执行器（吸盘）；⑤—机器人安装平台；

⑥—输送系统；⑦—真空负压站；⑧—工件

▷ **装配作业系统**

该装配作业系统主要由搬运型末端执行器和真空负压站组成，而操作机自带视觉系统。此部分请参考搬运机器人的搬运作业系统部分，不再赘述。

▷ **周边设备**

周边设备包括安全保护装置、机器人安装平台、输送装置、工件摆放装置、零件供给器等，用以辅助装配机器人系统完成整个装配作业。

为了确保装配作业正常进行，有时需要零件供给器提供机器人装配作业所需要的零部件。在目前生产应用中，使用较多的零件供给器是给料器和托盘。

（1）给料器。

给料器常用于小型装配零件给料，用回转或振动机构将其排列整齐，并逐个输送到指定位置，如图8.17所示。

（2）托盘。

装配完成后，大零件或易损坏划伤零件通常需要放入托盘中进行输送，如图8.18所示。托盘可以按一定精度要求将零件输送至指定位置。在实际生产装配中，为了满足生产需求，往往带有托盘自动更换机构，以避免托盘容量的不足。

图8.17　给料器 　　　　　　　　　　　　　　　　　图8.18　托盘

8.4　打磨机器人

打磨机器人是指可进行自动打磨的工业机器人，主要用于工件的表面打磨、棱角去毛刺、焊缝打磨、内腔内孔去毛刺、孔口螺纹口加工等工作。

打磨机器人的优点主要有：

（1）改善工人劳动环境，可在有害环境下长期工作。

（2）降低对工人操作技术的要求，减轻工人的工作劳动力。

（3）安全性高，避免因工人疲劳或操作失误引起的风险。

（4）工作效率高，一天可24 h连续生产。

●打磨机器人
及其分类

（5）提高打磨质量，产品精度高且稳定性好，保证其一致性。

（6）环境污染少，减少二次投资。

打磨机器人广泛应用于3C、卫浴五金、IT、汽车零部件、工业零件、医疗器械、木材建材家具制造、民用产品等行业。

8.4.1　分　类

在目前的实际应用中，打磨机器人大多数是六轴机器人。根据末端执行器性质的不同，打磨机器人系统可分为两大类：**机器人持工件**和**机器人持工具**，如图8.19所示。

(a) 机器人持工件　　　　　　　　　　　　　(b) 机器人持工具

图8.19　打磨机器人系统分类

➢ **机器人持工件**

机器人持工件通常用于需要处理的工件相对比较小，机器人通过其末端执行器抓取待打磨工件并操作工件在打磨设备上进行打磨。一般在该机器人的周围有一台或数台工具。这种方式应用较多，其特点如下：

（1）可以跟随很复杂的几何形状。

（2）可将打磨后的工件直接放到发货架上，容易实现现场流线化。

（3）在一个工位完成机器人的装件、打磨和卸件，投资相对较小。

（4）打磨设备可以很大，也可以采用大功率，可以使打磨设备的维护周期加长，加快打磨速度。

（5）可以采用便宜的打磨设备。

➢ **机器人持工具**

机器人持工具一般用于大型工件或对于机器人来说比较重的工件。机器人末端持有打磨抛光工具并对工件进行打磨抛光。工件的装卸可由人工进行，机器人自动地从工具架上更换所需的打磨工具。通常在此系统中采用力控制装置来保证打磨工具与工件之间的压力一致，补偿打磨头的消耗，获得均匀一致的打磨质量，同时也能简化示教。这种方式有如下的特点：

（1）工具要求结构紧凑、质量轻。

（2）打磨头的尺寸小，消耗快，更换频繁。

（3）可以从工具库中选择和更换所需的工具。

（4）可以用于磨削工件的内部表面。

●打磨机器人
系统组成

8.4.2　系统组成

本书仅介绍机器人持工具的打磨机器人系统的基本组成，其系统主要包括**操作机、控制器、示教器、打磨作业系统**和周边设备。图8.20所示为机器人持工具的打磨机器人系统组成。

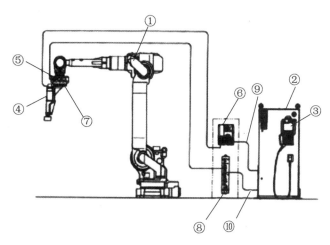

图8.20　打磨机器人的系统组成

①—操作机；②—控制器；③—示教器；④—末端执行器（打磨动力头）；⑤—力传感器；
⑥—变频器；⑦—自动快换装置（ATC）；⑧—力传感器控制器；⑨—工具转速控制电缆；
⑩—控制电缆

> **打磨作业系统**

打磨作业系统包括**打磨动力头、变频器、力传感器、力传感器控制器**和**自动快换装置**等。

（1）打磨动力头。

打磨动力头是一种用于机器人末端进行自动化打磨的装置，如图8.21所示。

图8.21　打磨动力头

根据工作方式的不同，打磨可分为：刚性打磨和柔性打磨。

刚性打磨通常应用在工件表面较为简单的场合，由于刚性打磨头与工件之间属于硬碰硬性质的应用，很容易因工件尺寸偏差和定位偏差造成打磨质量下降，甚至会损坏设备，如图8.22（a）所示；而在工件表面比较复杂的情况下一般采用柔性打磨，柔性打磨头中的浮动机构能有效避免刀具和工件的损坏，吸收工件及定位等各方面的误差，使工具的运行轨迹与工件表面形状一致，实现跟随加工，保证打磨质量，如图8.22（b）所示。

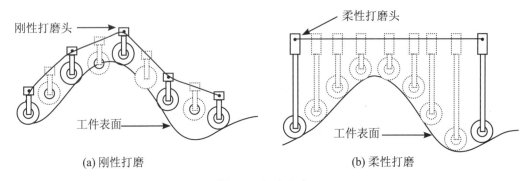

(a) 刚性打磨　　　　　　　　　　　　　　　　(b) 柔性打磨

图8.22　打磨方式

实际应用过程中，要根据工件及工艺要求的不同，选用适合的刚性和柔性打磨头。

（2）变频器。

变频器是利用电力半导体器件的通断作用将工频电源（通常为50 Hz）变成频率连续可调的电能控制装置，如图8.23所示。其本质是一种通过频率变换方式来进行转矩（速度）和磁场调节的电机控制器。

（3）自动快换装置。

在多任务作业环境中，一台机器人要能够完成抓取、搬运、安装、打磨、卸料等多种任务。自动快换装置的出现，让机器人能够根据程序要求和任务性质，自动快速更换末端执行器，完成相应的任务，如图8.24所示。自动快换装置能够让打磨机器人快速从工具库中选择和更换所需的工具。

图8.23　变频器　　　　　　　　　　　图8.24　自动快换装置

> **周边设备**

周边设备包括安全保护装置、机器人安装平台、输送装置、工件摆放装置、消音装置等，用以辅助打磨机器人系统完成整个装配作业。

打磨工具会产生刺耳的高频噪声，而且打磨粉尘也会对车间造成污染。因此，打磨机器人系统应放置于消音房中，采用吸隔音墙体，降低噪声；房顶采用除尘管道，其接口可以连接车间的中央除尘系统，浮尘可由除尘系统抽走处理，大颗粒灰尘沉积下来，定期由人工清扫。

8.5　焊接机器人

●焊接机器人
分类与弧焊动作

焊接机器人是指从事焊接作业的工业机器人，它能够按作业要求（如轨迹、速度等）将焊接工具送到指定空间位置，并完成相应的焊接过程。大部分焊接机器人是通用工业机器人配置某种焊接工具而构成的，只有少数是为某种焊接方式专门设计的。

焊接机器人主要有以下优点：

（1）具有较高的稳定性，提高焊接质量，保证焊接产品的均一性。

（2）能够在有害、恶劣的环境下作业，改善工人劳动条件。

（3）降低对工人操作技术的要求，且可以进行连续作业，生产效率高。

（4）可实现小批量产品的焊接自动化生产。

（5）能够缩短产品更新换代的准备周期，减少相应的设备投资，提高企业效益。

（6）提高一种柔性自动化生产方式，可以在一条焊接生产线上同时自动生产多种焊件。

焊接机器人是一类应用最广泛的工业机器人，在各国机器人应用比例中占总数的40%~60%，广泛应用于汽车、土木建筑、航天、船舶、机械加工、电子电气等相关领域。

8.5.1　分　类

目前，焊接机器人基本上都是关节型机器人，绝大多数有6个轴。**按焊接工艺的**

不同，焊接机器人主要分3类：点焊机器人、弧焊机器人和激光焊接机器人，如图8.25所示。

（a）点焊机器人

（b）弧焊机器人

（c）激光焊接机器人

图8.25　焊接机器人分类

➤ 点焊机器人

点焊机器人是用于自动点焊作业的工业机器人，其末端执行器为焊钳。在机器人焊接应用领域中，最早出现的便是点焊机器人，用于汽车装配生产线上的电阻点焊，如图8.26所示。

（a）点焊机器人作业

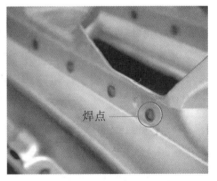
（b）点焊实际效果图

图8.26　点焊机器人应用

点焊是电阻焊的一种。所谓电阻焊是指通过焊接设备的电极施加压力，并在接通电源时，在工件接触点及邻近区域产生电阻热加热工件，在外力作用下完成工件的连接。因此点焊比较适合薄板焊接领域，如汽车车身焊接、车门框架定位焊接等。点焊只需要点位控制，对于焊钳在点与点之间的运动轨迹没有严格要求，这使点焊过程相对简单，对点焊机器人的精度和重复定位精度的控制要求比较低。

点焊机器人的负载能力要求高，而且在点与点之间的移动速度要快，动作要平稳，定位要准确，以便于减少移位时间，提高工作效率。另外，点焊机器人在点焊作业过程中，要保证焊钳能自由移动，可以灵活变动姿态，同时电缆不能与周边设备产生干涉。电焊机器人还具有报警系统，如果在示教过程中操作者有错误操作或者在再现作业过程中出现某种故障，点焊机器人的控制器会发出警报，自动停机，并显示错误或故障的类型。

图8.27 弧焊机器人弧焊作业

> **弧焊机器人**

弧焊机器人是指用于自动弧焊作业的工业机器人，其末端执行器是弧焊作业用的各种焊枪，如图8.27所示。目前工业生产应用中，弧焊机器人主要包括**熔化极气体保护焊接作业**和**非熔化极气体保护焊接作业**两种类型。

（1）熔化极气体保护焊作业。

熔化极气体保护焊作业是指采用连续等速送进可熔化的焊丝与被焊工件之间的电弧作为热源来熔化焊丝和母材金属，形成熔池和焊缝，同时要利用外加保护气体作为电弧介质来保护熔滴、熔池金属及焊接区高温金属免受周围空气的有害作用，从而得到良好焊缝的焊接方法，如图8.28所示。

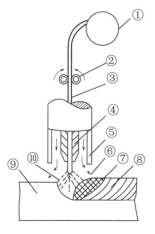

① 焊丝盘；
② 送丝滚轮；
③ 焊丝；
④ 导电嘴
⑤ 喷嘴；
⑥ 保护气体；
⑦ 熔池；
⑧ 焊缝金属
⑨ 母材（被焊接的金属材料）；
⑩ 电弧

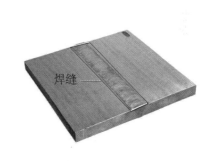

（a）示意图　　　　　　　　（b）弧焊实际效果图

图8.28 熔化极气体保护焊

利用焊丝③和母材⑨之间的电弧⑩来熔化焊丝和母材，形成熔池⑦，熔化的焊丝作为填充金属进入熔池与母材融合，冷凝后即为焊缝金属⑧。通过喷嘴⑤向焊接区喷出保护气体⑥，使其处于高温的熔化焊丝、熔池及其附近的母材免受周围空气的有害作用。焊丝是连续的，由送丝滚轮②不断地送进焊接区。

根据保护气体的不同，熔化极气体保护焊主要有：二氧化碳气体保护焊、熔化极活性气体保护焊和熔化极惰性气体保护焊，其区别见表8.2。

表8.2　熔化极气体保护焊的分类与区别

分类	二氧化碳气体保护焊（CO_2焊）	熔化极活性气体保护焊（MAG焊）	熔化极惰性气体保护焊（MIG焊）
区别	CO_2、$CO_2 + O_2$	$Ar + CO_2$、$Ar + O_2$、$Ar + CO_2 + O_2$	Ar、He、$Ar + He$
适用范围	结构钢和铬镍钢的焊接	结构钢和铬镍钢的焊接	铝和特殊合金的焊接

熔化极气体保护焊的特点如下：

① 焊接过程中电弧及熔池的加热熔化情况清晰可见，便于发现问题与及时调整，故焊接过程与焊缝质量易于控制。

② 在通常情况下不需要采用管状焊丝，焊接过程没有熔渣，焊后不需要清渣，降低焊接成本。

③ 适用范围广，生产效率高。

④ 焊接时采用明弧，使用的电流密度大，电弧光辐射较强，且不适于在有风的地方或露天施焊，往往设备较复杂。

（2）非熔化极气体保护焊。

非熔化极气体保护焊主要指钨极惰性气体保护焊（TIG焊），即采用纯钨或活化钨作为不熔化电极，利用外加惰性气体作为保护介质的一种电弧焊方法。TIG焊广泛用于焊接容易氧化的有色金属铝、镁等及其合金、不锈钢、高温合金、钛及钛合金，还有难熔的活性金属（如钼、铌、锆等）。

TIG焊有如下特点：

① 弧焊过程中电弧可以自动清除工件表面氧化膜，适用于焊接易氧化、化学活泼性强的有色金属、不锈钢和各种合金。

② 钨极电弧稳定。即使在很小的焊接电流（<10 A）下仍可稳定燃烧，特别适用于薄板、超薄板材料焊接。

③ 热源和填充焊丝可分别控制，热输入容易调节，可进行各种位置的焊接。

④ 钨极承载电流的能力较差，过大的电流会引起钨极熔化和蒸发，其微粒有可能进入熔池，造成污染。

> ### 激光焊接机器人

激光焊接机器人是指用于激光焊接自动作业的工业机器人，能够实现更加柔性的激光焊接作业，其末端执行器是激光加工头。

传统的焊接由于热输入极大，会导致工件扭曲变形，从而需要大量后续加工手段来弥补此变形，致使费用增多。而采用全自动的激光焊接技术可以极大地减小工件变形，提高焊接产品质量。激光焊接属于熔融焊接，是将高强度的激光束辐射至金属表面，通过激光与金属的相互作用，金属吸收激光转化为热能使金属熔化后冷却结晶形成焊接。激光焊接属于非接触式焊接，作业过程中不需要加压，但需要使用惰性气体以防熔池氧化。

激光焊接的特点如下：

（1）焦点光斑小，功率密度高，能焊接高熔点、高强度的合金材料。

（2）无需电极，没有电极污染或受损的顾虑。

（3）属于非接触式焊接，极大地降低机具的耗损及变形。

（4）焊接速度快，功效高，可进行任何复杂形状的焊接，且可焊材质种类范围大。

（5）热影响区小，材料变形小，无需后续工序。

（6）不受磁场影响，能精确对准焊件。

（7）焊件位置需非常精确，务必在激光束的聚焦范围内。

（8）高反射性及高导热性材料，如铝、铜及其合金等，焊接性会受激光所改变。

由于激光焊接具有能量密度高、变形小、焊接速度高、无后续加工的优点，近年来，激光焊接机器人广泛应用于汽车、航天航空、国防工业、造船、海洋工程、核电设备等领域，非常适用于大规模生产线和柔性制造，如图8.29所示。

图8.29　激光焊接机器人焊接作业

8.5.2　弧焊动作

一般而言，弧焊机器人进行焊接作业时主要有4种基本的动作形式：直线运动、圆弧运动、直线摆动和圆弧摆动，其他任何复杂的焊接轨迹都可以看成是由这4种基本动作形式组合而成。机器人焊接作业时的附加摆动是为了保证焊缝位置对中和焊缝两侧熔合良好。

➤ 直线摆动

机器人沿着一条直线做一定振幅的摆动运动。直线摆动程序先示教1个摆动起始点，再示教两个振幅点和一个摆动结束点，如图8.30（a）所示。

> **圆弧摆动**

机器人能够以一定的振幅摆动运动通过一段圆弧。圆弧摆动程序先示教1个摆动起始点，再示教2个振幅点和1个圆弧摆动中间点，最后示教1个摆动结束点，如图8.30（b）所示。

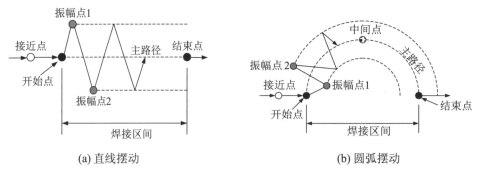

(a) 直线摆动　　　　　　　　　　　　(b) 圆弧摆动

图8.30　弧焊机器人的摆动示教

8.5.3　系统组成

1. 点焊机器人系统组成

点焊机器人系统主要由**操作机、控制器、示教器、点焊作业系统**和**周边设备**组成。图8.31所示为点焊机器人系统组成。

●点焊机器人
系统组成

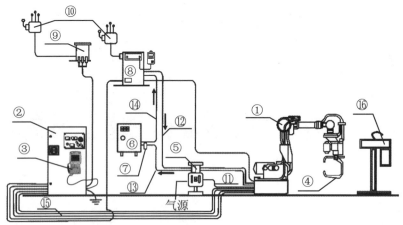

图8.31　点焊机器人系统组成

①—操作机；②—控制器；③—示教器；④—末端执行器（焊钳）；⑤—水气单元；
⑥—冷却水循环装置；⑦—冷却水流量开关；⑧—点焊控制器；⑨—机器人变压器；
⑩—电源；⑪—焊钳进气管；⑫—焊钳冷水管；⑬—焊钳回水管；⑭—点焊控制器冷水管；
⑮—供电及控制电缆；⑯—电极修磨机

> **点焊作业系统**

点焊作业系统包括焊钳、点焊控制器、供电系统、供气系统和供水系统等。

（1）焊钳。

焊钳是指将点焊用的电极、焊枪架和加压装置等紧凑汇总的焊接装置。点焊机器人的焊钳种类较多，目前主要分类如下。

①从外形结构上可分为两种：**X型焊钳和C型焊钳**，如图8.32（a）和8.32（b）所示。

②按电极臂的加压的驱动方式可分为：**气动焊钳和伺服焊钳**，如图8.32（c）和8.32（d）所示。

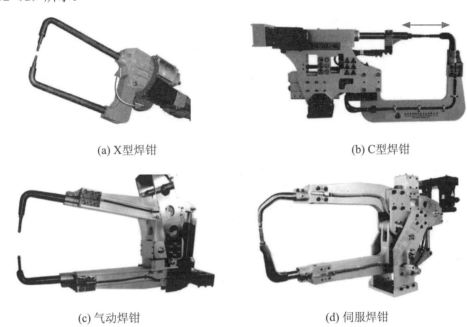

(a) X型焊钳　　　　　　　　　　　　　(b) C型焊钳

(c) 气动焊钳　　　　　　　　　　　　　(d) 伺服焊钳

图8.32　焊钳的分类

X型焊钳主要用于点焊水平及近于水平倾斜位置的焊点，电极作旋转运动，其运动轨迹为圆弧；C型焊钳主要用于点焊垂直及近于垂直倾斜位置的焊点，电极作直线往复运动；气动焊钳是目前点焊机器人较广泛采用的，主要利用气缸压缩空气驱动加压气缸活塞，通常具有2~3个行程，能够使电极完成大开、小开和闭合3个动作，电极压力经调定后是不能随意变化的；伺服焊钳采用伺服电机驱动完成电极张开和闭合，脉冲编码器反馈，其张开度可随实际需要任意设定并预置，且电极间的压紧力可实现无极调节。

（2）点焊控制器。

焊接电流、通电时间和电极加压力是点焊的三大条件，而点焊控制器是合理控制这三大条件的装置，是点焊作业系统中最重要的设备。它由微处理器及部分外围接口芯片组成，其主要功能是完成点焊时的焊接参数输入、点焊程序控制、焊接电流控制以及焊接系统故障自诊断，并实现与机器人控制器、示教器的通信联系，如图8.33所示。该装置启动后系统一般就会自动进行一系列的焊接工序。

（3）供电系统。

供电系统主要包括电源和机器人变压器（图8.34），其作用是为点焊机器人系统提供动力。

图8.33　点焊控制器　　　　　　　　　图8.34　三相干式变压器

（4）供气系统。

供气系统包括气源、水气单元、焊钳进气管等。其中，水气单元包括压力开关、电缆、阀门、管子、回路、连接器和接触点等，可以提供水、气回路，如图8.35所示。

（5）供水系统。

供水系统包括冷却水循环装置、焊钳冷水管、焊钳回水管等。由于点焊是低压大电流焊接，在焊接过程中，导体会产生大量的热量，所以焊钳、焊钳变压器需要水冷。冷却水循环装置如图8.36所示。

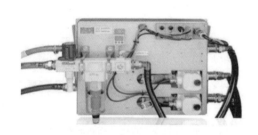 

图8.35　水气单元　　　　　　　　　图8.36　冷却水循环装置

> **周边设备**

周边设备包括安全保护装置、机器人安装平台、输送装置、工件摆放装置、电极修磨机、点焊机压力测试仪和焊机专用电流表等，用以辅助点焊机器人系统完成整个点焊作业。

（1）电极修磨机。

电极修磨机用于对点焊过程中磨损的电极进行打磨，去除电极表面的污垢，如图8.37所示。

（2）点焊机压力测试仪。

点焊机压力测试仪用于焊钳的压力校正，如图8.38所示。在点焊中为了保证焊接质量，电极加压力是一个重要因素，需要对其进行定期测量。

（3）焊机专用电流表。

焊机专用电流表用于设备的维护、测试点焊时二次短路电流，如图8.39所示。

图8.37　电极修磨机

图8.38　点焊机压力测试仪

图8.39　焊机专用电流表

2.弧焊机器人系统组成

弧焊机器人系统主要由**操作机、控制器、示教器、弧焊作业系统**和**周边设备**组成。图8.40所示为弧焊机器人系统组成。

● 弧焊机器人系统组成

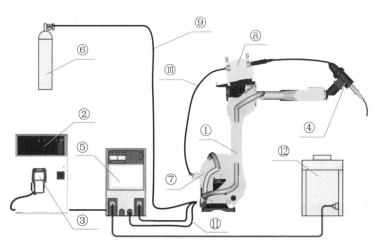
图8.40　弧焊机器人系统组成

①—操作机；②—控制器；③—示教器；④—末端执行器（焊枪）；⑤—弧焊电源；
⑥—保护气气瓶总成；⑦—焊丝盘架；⑧—送丝机；⑨—保护气软管；⑩—送丝导向管；
⑪—供电及控制电缆；⑫—变位机

➢ **弧焊作业系统**

弧焊作业系统主要由焊枪、弧焊电源、送丝机、保护气气瓶总成和焊丝盘架组成。

（1）焊枪。

焊枪是指在弧焊过程中执行焊接操作的部件。它与送丝机连接，通过接通开关，将弧焊电源的大电流产生的热量聚集在末端来熔化焊丝，而熔化的焊丝渗透到需要焊接的部位，冷却后，被焊接的工件牢固地连接在一起。

焊枪一般由喷嘴、导电嘴、气体分流器、喷嘴接头和枪管（枪颈）等部分组成，如图8.41所示。有时在机器人的焊枪把持架上配备防撞传感器，其作用是当机器人运动时，万一焊枪碰到障碍物，能立即使机器人停止运动，避免损坏焊枪或机器人。

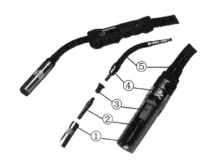

图8.41　焊枪的结构

①—喷嘴；②—导电嘴；③—气体分流器；④—喷嘴接头；⑤—枪管（枪颈）

其中，导电嘴装在焊枪的出口处，能够将电流稳定地导向电弧区。导电嘴的孔径和长度因焊丝直径的不同而不同。喷嘴是焊枪的重要零件，其作用是向焊接区域输送保护气体，防止焊丝末端、电弧和熔池与空气接触。

焊枪的种类很多，根据焊接工艺的不同，选择相应的焊枪。焊枪的分类主要如下：

①按照焊接电流大小不同分为：**空冷式**和**水冷式两种结构**，如图8.42（a）和8.42（b）所示。

②根据机器人结构不同分为**内置式和外置式**，如图8.42（c）和8.42（d）所示。

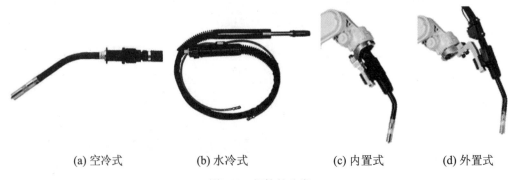

(a) 空冷式　　　　　(b) 水冷式　　　　　(c) 内置式　　　　　(d) 外置式

图8.42　焊枪的分类

其中，焊接电流在500 A以下的焊枪一般采用空冷式，而超过500 A的焊枪，一般采用水冷式；内置式焊枪安装要求机器人末端的连接法兰必须是中空的，而通用型机器人通常选择外置式焊枪。

（2）弧焊电源。

弧焊电源是用来对焊接电弧提供电能的一种专用设备，如图8.43所示。弧焊电源的负载是电弧，它必须具有弧焊工艺所要求的电气性能，如合适的空载电压、一定形状的外特性、良好的动态特性和灵活的调节特性等。

弧焊电源的分类如下：

①按输出电流不同分为**直流**、**交流**和**脉冲**3类。

②按输出外特性特征不同分为**恒流特性**、**恒压特性**和**缓降特性**（介于恒流特性与恒压特性两者之间）3类。

熔化极气体保护焊的焊接电源通常有直流和脉冲两种，一般不使用交流电源。其采用的直流电源有：磁放大器式弧焊整流器、晶闸管弧焊整流器、晶体管式和逆变式等几种。

图8.43　弧焊电源

为了安全起见，每个焊接电源均须安装无保险管的断路器或带保险管的开关；母材侧电源电缆必须使用焊接专用电缆，并避免电缆盘卷，否则因线圈的电感储积电磁能量，二次侧切断时会产生巨大的电压突波，从而导致电源出现故障。

（3）送丝机。

送丝机是为焊枪自动输送焊丝的装置，一般安装在机器人第3轴上，由送丝电动机、加压控制柄、送丝滚轮、送丝导向管接头、加压滚轮等组成，如图8.44所示。

图8.44　送丝机的组成

①—加压控制柄；②—送丝电动机；③—送丝滚轮；④—送丝导向管接头；⑤—加压滚轮

送丝电动机驱动送丝滚轮旋转，为送丝提供动力，加压滚轮将焊丝压入送丝滚轮上的送丝槽，增大焊丝与送丝滚轮的摩擦，将焊丝修整平直，平稳送出，使进入焊枪的焊丝在焊接过程中不会出现卡丝现象。根据焊丝直径的不同，调节加压控制手柄可以调节压紧力大小。而送丝滚轮的送丝槽一般有$\Phi0.8$ mm、$\Phi1.0$ mm、$\Phi1.2$ mm 3种，应按照焊丝的直径选择相应的输送滚轮。

送丝机的主要分类如下。

①按照送丝形式分为**推丝式**、**拉丝式**和**推拉丝式**3种。

②按送丝滚轮数可分为一**对滚轮**和**两对滚轮**。

推丝式送丝机主要用于直径为0.8~2.0 mm的焊丝，它是一种应用最广的送丝机；拉丝式送丝机主要用于细焊丝（焊丝直径小于或等于0.8 mm），因为细焊丝刚性小，推丝过程易变形，难以推丝；而推拉丝式送丝机既有推丝机，又有拉丝机，但由于结构复杂，调整麻烦，实际应用并不多。送丝机的结构有一对送丝滚轮的，也有两对滚轮的；有只用一个电机驱动一对或两对滚轮的，也有用两个电机分别驱动两对滚轮的。

（4）焊丝盘架。

焊丝盘架可装在机器人第1轴上（图8.45），也可放置在地面上。焊丝盘架用于固定焊丝盘。

➤ **周边设备**

周边设备包括安全保护装置、机器人安装平台、输送装置、工件摆放装置、变位机、焊枪清理装置和工具快换装置等，用以辅助弧焊机器人系统完成整个弧焊作业。

（1）变位机。

在某些焊接场合，因工件空间几何形状过于复杂，使焊枪无法到达指定的焊接位置或姿态，此时需要采用变位机来增加机器人的自由度，如图8.46所示。

变位机的主要作用是在焊接过程中将工件进行翻转变位，以便获得最佳的焊接位置，可缩短辅助时间，提高劳动生产率，改善焊接质量。如果采用伺服电机驱动变位机翻转，可作为机器人的外部轴，与机器人实现联动，达到同步运行的目的。

（2）焊枪清理装置。

焊枪经过长时间焊接后，内壁会积累大量的焊渣，影响焊接质量，因此需要使用焊枪清理装置（图8.47）进行定期清除。而焊丝过短、过长或焊丝端头成球形，也可以通过焊枪清理装置进行处理。

3. 激光焊接机器人系统组成

激光焊接机器人系统主要由**操作机**、**控制器**、**示教器**、**激光焊接作业系统**和**周边设备**组成。图8.48所示为激光焊接机器人系统组成。

●激光焊接机器人系统组成

➤ **激光焊接作业系统**

激光焊接作业系统一般由激光加工头、激光发生器、传输光纤、冷却水循环装置、过滤器、供水机和激光功率传感器等组成。

图8.45　焊丝盘架安装在机器人上

图8.46　变位机

图8.47　焊枪清理装置

（1）激光加工头。

激光加工头是执行激光焊接的部件，如图8.49所示，其运动轨迹和激光加工参数是由机器人控制器提供指令进行的。

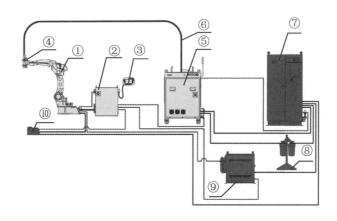

图8.48　激光焊接机器人系统组成

①—操作机；②—控制器；③—示教器；④—末端执行器（激光加工头）；⑤—激光发生器；⑥—传输光纤；⑦—冷却水循环装置；⑧—过滤器；⑨—供水机；⑩—激光功率传感器

（2）激光发生器。

激光发生器作用是将电能转化为光能，产生激光束，主要有CO_2气体激光发生器和YAG固体激光发生器两种。CO_2气体激光发生器功率大，目前主要应用于深熔焊接，而在汽车领域，YAG 固体激光发生器的应用更广。随着科学技术的迅猛发展，半导体激光器的应用愈加广泛，其具有占地面积小、功率大、冷却系统小、光可传导、备件更换频率和费用低等优点，如图8.50所示。

图8.49   激光加工头   图8.50   半导体激光发生器

➤ **周边设备**

周边设备包括安全保护装置、机器人安装平台、输送装置和工件摆放装置等，用以辅助激光焊接机器人系统完成整个焊接作业。

本章小结

工业机器人的应用包括搬运、码垛、装配、打磨和焊接等复杂作业。工业机器人系统主要有操作机、控制器、示教器、作业系统和周边设备组成。

思 考 题

1.概述搬运机器人的分类和系统组成。

2.概述码垛机器人的分类和系统组成。

3.概述装配机器人的分类和系统组成。

4.概述打磨机器人的分类和系统组成。

5.概述焊接机器人的分类和系统组成。

第9章 离线编程应用

当前工业自动化市场竞争日益激烈，客户在生产中要求更高的效率，以降低价格，提高质量。而如今让机器人编程在新产品生产之初花费时间检测或试运行是不可行的，这意味着要停止现有的生产以对新的或修改的部件进行编程。不首先验证到达距离及工作区域，而冒险制造刀具和固定装置已不再是首选方法。现代生产厂家在设计阶段就会对新部件的可制造性进行检查。在为机器人编程时，离线编程可与建立机器人应用系统同时进行。

在产品制造的同时对机器人系统进行离线编程，可提早开始产品生产，缩短上市时间。离线编程在实际机器人安装之前，通过可视化及可确认的解决方案和布局来降低风险，并通过创建更加精确的路径来获得更高的部件质量。

本章主要介绍4款工业机器人离线编程软件：ABB RobotStudio、FANUC ROBOGUIDE、EPSON RC+7.0和Visual Component。对于其他工业机器人离线编程软件，读者可自行查阅相关资料。

📖学习目标

1. 掌握 ABB RobotStudio离线编程应用。
2. 掌握 FANUC ROBOGUIDE离线编程应用。
3. 掌握 EPSON RC+7.0离线编程应用。
4. 熟悉 Visual Component仿真软件。

●ABB离线编程

9.1 ABB离线编程——RobotStudio

9.1.1 RobotStudio简介

为了提高生产率，降低购买与实施机器人解决方案的总成本，ABB公司开发了一个适用于机器人寿命周期各阶段的软件产品——RobotStudio，它是一款ABB机器人仿真软件。

RobotStudio可在实际构建机器人系统之前，先进行系统设计和试运行。还可以利用该软件确认机器人是否能到达所有编程位置，并计算解决方案的工作周期。

9.1.2　RobotStudio下载

RobotStudio下载地址为：http://new.abb.com/products/robotics/robotstudio/downloads，如图9.1所示。

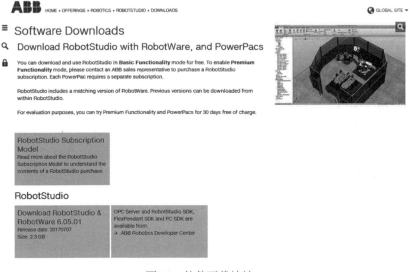

图9.1　软件下载地址

9.1.3　RobotStudio安装

将下载的软件压缩包解压后，打开文件夹，双击setup.exe，如图9.2所示，按照提示安装软件。本章以RobotStudio 6.02版本为基础，进行相关应用介绍。

安装完成后，计算机桌面出现对应的快捷图标：32位操作系统一个，64位操作系统两个，如图9.3所示。

图9.2　安装软件　　　　　　　　　　　　图9.3　64位操作系统的快捷图标

9.1.4　工作站建立

（1）双击图9.3所示快捷图标，进入如图9.4所示的界面。

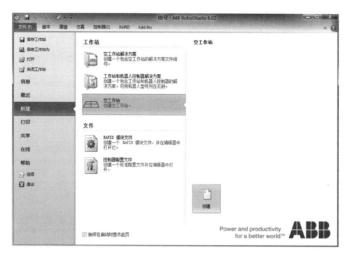

图9.4　工作站建立入口

（2）单击【空工作站】→【创建】，进入如图9.5所示界面。

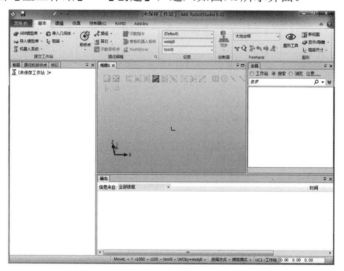

图9.5　工作站创建界面

9.1.5　机器人导入

在机器人模型库中，有通用机器人、喷涂机器人、变位机等。下面以导入IRB 120机器人为例进行介绍，具体操作步骤如下：

第一步：选择菜单栏中【基本】功能选项，单击【ABB模型库】→【IRB 120】，如图9.6所示。

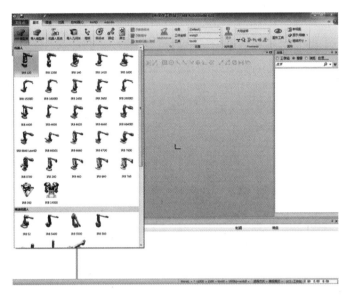

图9.6　ABB模型库导入界面

　　第二步：在弹出的对话框中单击【确定】，则IRB 120机器人成功导入，如图9.7所示。

图9.7　IRB120机器人导入成功界面

　　机器人成功被导入后，调整机器人各个视角以及平移等操作，具体操作说明见表9.1。

表9.1　调整视角的基本操作方法

基本操作	图标	使用键盘/鼠标组合	描述
选择项目			只需单击要选择的项目即可。若要选择多个项目，可在按下 Ctrl 键的同时依次单击新项目
旋转工作站		Ctrl + Shift +	按 Ctrl + Shift +鼠标左键的同时,拖动鼠标对工作站进行旋转，或同时按中间滚轮和右键（或左键）旋转
平移工作站		Ctrl +	按 Ctrl 键+鼠标左键的同时,拖动鼠标对工作站进行平移
缩放工作站		Ctrl +	按 Ctrl 键+鼠标右键的同时,将鼠标拖至左侧可以缩小，拖至右侧可以放大，或按住中间滚轮拖动
局部缩放		Shift +	按 Shift 键+鼠标右键的同时，拖动鼠标框选要放大的局部区域

当需要将外部模型导入工作站时，可以通过单击【导入几何体】→【浏览几何体】来实现，也可以通过菜单栏中"建模"功能绘制需要的几何体模型。通过以上方式，可以建立需要的工作站布局。

9.1.6　控制器导入

点击菜单栏中【基本】功能选项，选择【导入模型库】→【设备】，会出现控制器、输送链、工具等设备。下面以导入IRB 120机器人紧凑型控制器为例进行介绍，具体操作步骤如下。

第一步：单击【导入模型库】→【设备】，如图9.8所示。

图9.8　模型库导入设备界面

第二步：单击【IRC5 Compact】，进入如图9.9所示界面。

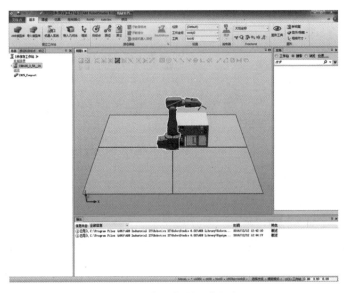

图9.9　完成控制器的添加

第三步：选中IRC5 Compact控制器，点击【🖱】（移动），如图9.10所示。

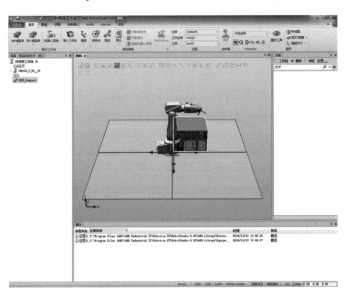

图9.10　移动IRC5 Compact界面

第四步：用鼠标左键点击对应箭头拖动，将控制器移动到合适位置，单击任意空白位置确认，如图9.11所示。

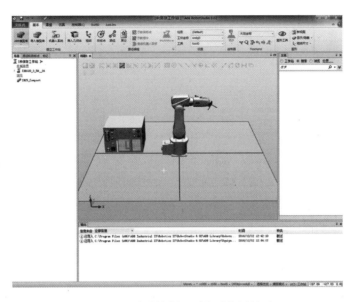

图9.11　移动控制器到合适位置界面

9.1.7　虚拟示教器

使用虚拟示教器之前，需要在工作站布局中建立机器人系统，使机器人模型能够跟真实机器人一样运动，具体操作步骤如下。

第一步：选择菜单栏中【基本】功能选项，单击【机器人系统】→【从布局...】，如图9.12所示。

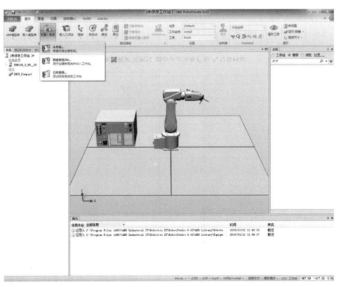

图9.12　机器人系统从布局界面

第二步：在弹出的对话框中，输入系统名称，选择软件版本，如图9.13所示。

图9.13　输入系统名称及软件版本

第三步：单击【下一步】，勾选机械装置，如图9.14所示。

第四步：单击【下一步】，进入如图9.15所示界面。

图9.14　勾选机械装置界面

图9.15　单击【下一步】

第五步：单击【选项】，在弹出的对话框中单击【Default Language】，将默认英文（English）选项改成中文（Chinese），如图9.16所示。

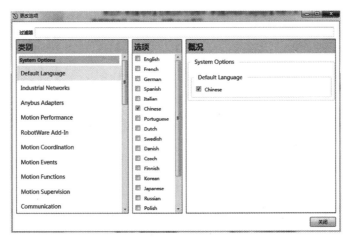

图9.16 英文改中文界面

第六步：选择【Industrial Networks】（工业网络）→【709-1 DeviceNet Master/Slave】（标准I/O板），如图9.17所示。

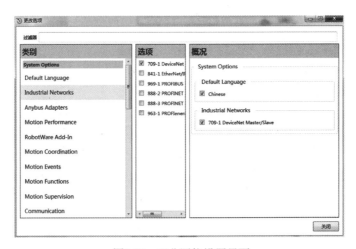

图9.17 工业网络设置界面

第七步：单击【关闭】，返回如图9.15所示的界面，单击【完成】。

第八步：系统开始自动创建。当创建完成后，右下角的控制器状态变成绿色"控制器状态：1/1"，如图9.18所示。

图9.18 系统创建完界面

第九步：单击菜单栏【控制器（C）】→【示教器】→【虚拟示教器】，如图9.19所示。

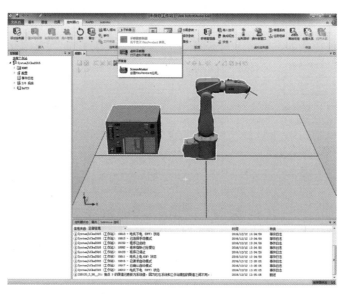

图9.19　虚拟示教器导入界面

虚拟示教器界面如图9.20所示。

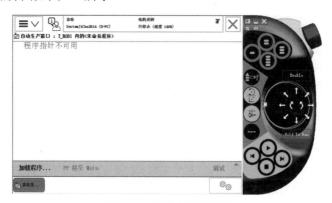

图9.20　虚拟示教器界面

虚拟示教器与真实示教器区别见表9.2。

表9.2　虚拟示教器与真实示教器的区别

区别	虚拟示教器	真实示教器
控制面板位置	控制面板在虚拟示教器操纵杆左侧，通过单击它来改变机器人运动模式以及给电机上电	真实的示教器无控制面板，控制面板在控制器上
操纵杆	虚拟示教器操纵杆是通过按住箭头方向来控制机器人的移动	真实示教器需手动操作操纵杆

续表9.2

区别	虚拟示教器	真实示教
使能按钮	虚拟示教器的使能按钮是单击【Enable】即可给电机上电	真实示教器是半按使能按钮不放
上电/复位	自动情况下相同，虚拟示教器单击【上电/复位】	真实示教器没有，只能在控制器上按下【上电/复位】键

虚拟示教器上的【Enable】键以及单击【🖳】会显示【模式选择】和【上电/复位】按钮，如图9.21所示。

图9.21　虚拟示教器按钮

9.1.8　离线仿真实例

下面介绍离线仿真软件中系统自带的模型，如图9.22所示，用AB段来完成直线运动实例，BC段完成圆弧运动实例，DE段完成曲线运动实例。

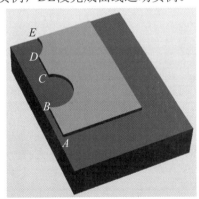

● ABB离线编程实例（1）

图9.22　离线仿真轨迹

1.直线运动实例

机器人实现直线运动步骤如下。

第一步：建立空工作站。

第二步：导入机器人模型。

第三步：导入机器人工具。单击【导入模型库】→【设备】→【myTool】，如图 9.23 所示。

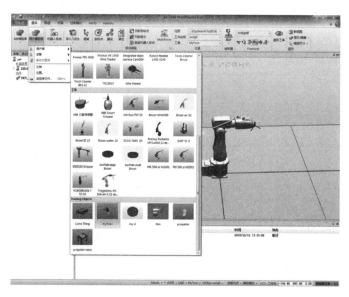

图9.23　工具导入界面

第四步：安装工具。

①右击【MyTool】→【安装到】→【IRB120_3_58_01】，如图9.24所示。

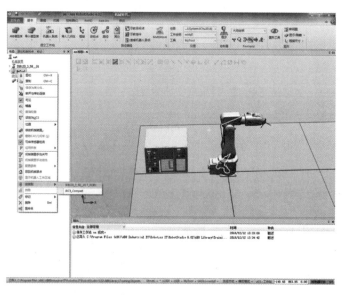

图9.24　工具安装界面

②在弹出的对话框中单击【是】。工具被安装在机器人法兰盘末端，系统自带工具

坐标系自动生成，如图9.25所示。

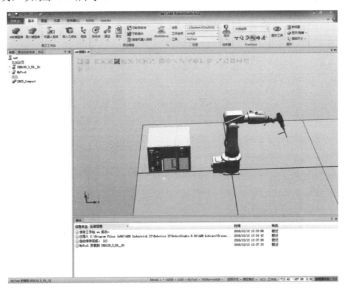

图9.25   工具完成安装界面

第五步：按照第三步，导入【Curve Thing】，并调整至合适位置，如图9.26所示。

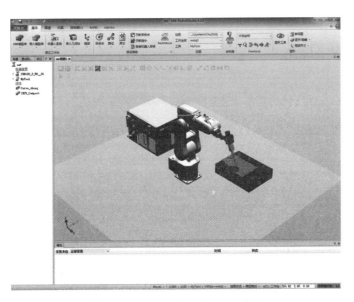

图9.26   Curve Thing导入完成界面

第六步：根据布局建立机器人系统。

第七步：新建主模块及主程序（main（））。

①将虚拟示教器的"模式选择"切换至"手动模式"，如图9.27所示。

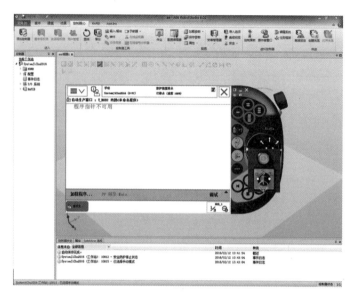

图9.27　手动模式选择

②单击【调试】→【编辑程序】，弹出如图9.28所示对话框。

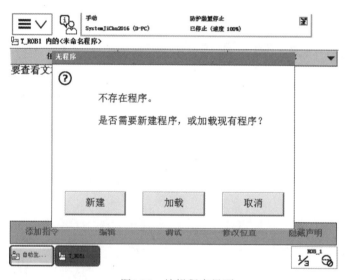

图9.28　编辑程序界面

③单击【新建】。主模块以及主程序建立完成，如图9.29所示。

第八步：添加运动指令。通过虚拟示教器将机器人移动至图9.30（a）所示的A点，单击【添加指令】→【MoveL】，给添加指令位置取名"p10"，速度调整至500，转弯区数据调整至fine，单击【修改位置】，如图9.30（b）所示，则p10点就是A点的位置。

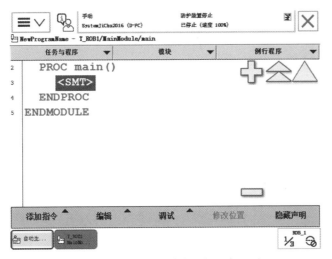

图9.29 新建主模块及主程序界面

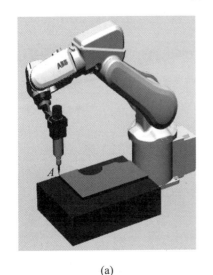

(a)

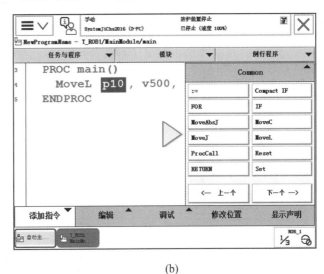

(b)

图9.30 添加运动指令界面

第九步：单击【Enable】，操作操纵杆，将机器人移动至图9.31所示的B点，单击【添加指令】→【MoveL】，在弹出的对话框中单击【下方】，给添加指令位置取名"p20"，速度调整至500，转弯区数据调整至fine，单击【修改位置】，如图9.31（b）所示，则p20点就是B点位置。

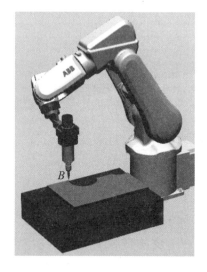
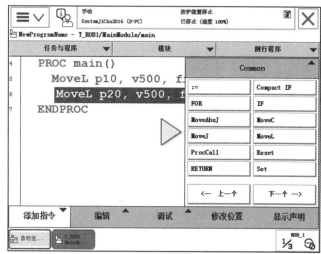

(a)　　　　　　　　　　　　　　　　　　　　(b)

图9.31　选择线性运动界面

第十步：单击【调试】→【PP移至Main】，按下示教器上执行程序
键，机器人在A、B两点之间沿直线运动。

● ABB离线编
程实例（2）

2. 圆弧运动实例

机器人实现圆弧运动步骤如下。

第一步：添加圆弧运动指令起始点指令。将机器人移动至图9.32（a）所示的B点，
单击【添加指令】→【MoveL】，给添加指令位置取名"p30"，速度调整至500，转弯区
数据调整至fine，单击【修改位置】，如图9.32（b）所示，则p30点就是B点位置。

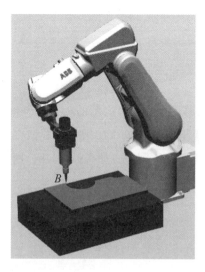
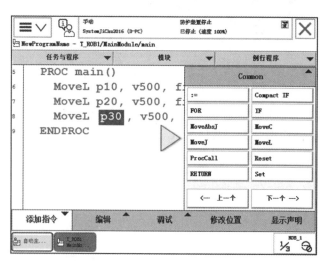

(a)　　　　　　　　　　　　　　　　　　　　(b)

图9.32　添加圆弧运动指令起始点指令界面

第二步：单击【Enable】，手动操作将机器人移动至合适位置，如图9.33（a）所示，单击【添加指令】→【MoveC】，给添加指令位置取名"p40"和"p50"，速度调整至500，转弯区数据调整至fine，单击【p40】→【修改位置】，如图9.33（b）所示，则p40就是接近B点与C点的中间位置。

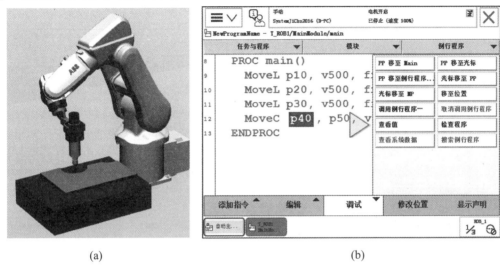

（a）　　　　　　　　　　（b）

图9.33　选择线性运动界面

第三步：手动操作将机器人移动至圆弧结束位置C点，如图9.34（a）所示，单击【p50】→【修改位置】，如图9.34（b）所示，则p50点就是C点位置。

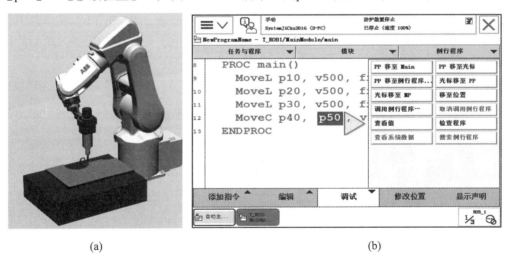

（a）　　　　　　　　　　（b）

图9.34　手动移动圆弧结束位置D点位置修改界面

第四步：单击【调试】→【PP移至Main】，单击执行程序键，机器人先在AB之间沿直线运动，然后在BC之间沿圆弧运动。

3.曲线运动实例

曲线可以看作由N段小圆弧组成的，所以可以用N个圆弧指令完成曲

●ABB离线编程实例（3）

线运动。下面将曲线分为两段圆弧来完成机器人沿曲线运动，具体步骤如下。

第一步：添加圆弧运动指令起始点指令。手动操作将机器人移动至图9.35（a）所示的D点，单击【添加指令】→【MoveL】，给添加指令位置取名"p60"，速度调整至500，转弯区数据调整至fine，单击【修改位置】，如图9.35（b）所示，则p60点就是D点位置。

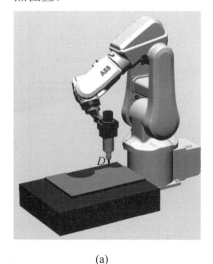

(a)

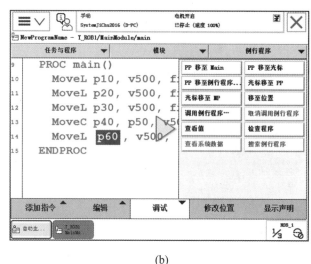

(b)

图9.35　添加圆弧运动指令起始点指令界面

第二步：单击【Enable】，手动操作将机器人移动至合适位置，如图9.36（a）所示，单击【添加指令】→【MoveC】，给添加指令位置取名"p70"和"p80"，速度调整至500，转弯区数据调整至fine，单击【p70】→【修改位置】，如图9.36（b）所示，则p70就是曲线上D点和末端之间的位置。

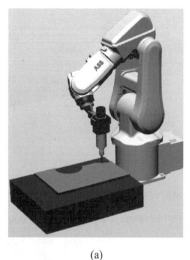

(a)

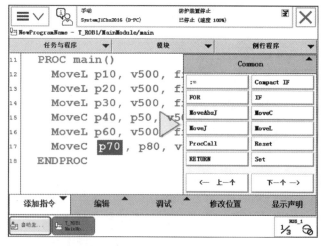

(b)

图9.36　选择线性运动界面

第三步：同理，示教其他圆弧上的点。示教曲线末端点为图9.37（a）所示的E点，则p100就是E点位置，如图9.37（b）所示。

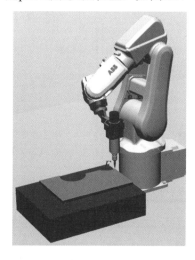

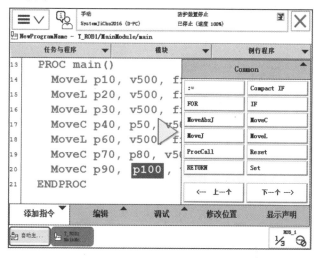

(a)   (b)

图9.37 示教圆弧其余点

第四步：单击【调试】→【PP移至Main】，单击执行程序键，机器人先在AB之间沿直线运动，然后在BC之间沿圆弧运动，之后在CD之间沿直线运动（该直线运动的操作过程参照直线运动实例），最后在DE两点之间沿曲线运动。

9.2 FANUC离线编程——ROBOGUIDE

9.2.1 ROBOGUIDE简介

● FANUC离线
编程

ROBOGUIDE是FANUC机器人公司提供的一个仿真软件，它是围绕一个离线的三维世界进行模拟，在这个三维世界中模拟现实中的机器人和周边设备的布局，通过其中的TP示教，进一步来模拟它的运动轨迹。通过这样的模拟可以验证方案的可行性同时获得准确的周期时间。ROBOGUIDE是一款核心应用软件，具体包括搬运、弧焊、喷涂和点焊等其他模块。ROBOGUIDE的仿真环境界面是传统的WINDOWS界面，由菜单栏、工具栏、状态栏等组成。

9.2.2 用户界面

ROBOGUIDE软件的用户界面如图9.38所示。

用户界面常用的部分有菜单栏、工具栏、cell浏览器和状态栏等。

（1）菜单栏提供相关功能选项，包括文件管理、项目管理和窗口管理等。

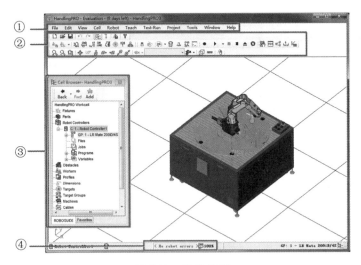

图 9.38　用户界面

①—菜单栏；②—工具栏；③—cell浏览器；④—状态栏

（2）工具栏提供各种编辑工具。为方便使用以提高效率，在用户界面的相应位置上设立各种工具图标。

（3）cell浏览器可以查看、添加和修改当前workcell中的部件，例如可以导入模型，添加工具，查看部件的位置信息。

（4）状态栏显示机器人的状态、报警信息。

9.2.3　工作站建立

第一步：打开ROBOGUIDE，单击菜单栏上的【File】→【New Cell】，新建cell，如图9.39所示。

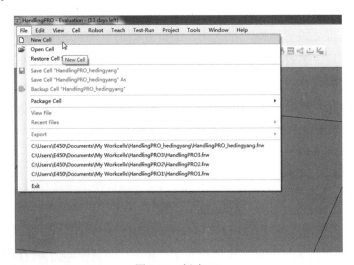

图 9.39　新建cell

第二步：在弹出的创建向导中，按照提示信息修改cell的参数。最后单击【Finish】,开始创建。cell中的示教器语言默认是英文，如果用户想要修改成中文，则要在设置"Robot Options"时，在语言栏里将中文勾选。cell创建完成后，显示的界面如图9.40所示。

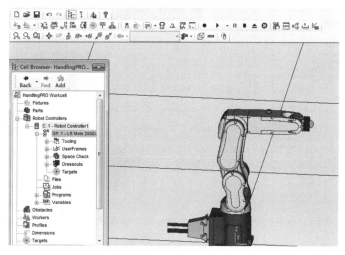

图 9.40　cell界面

9.2.4　工具导入

第一步：在cell浏览窗口中，依次展开"Robot Controllers"→"C:1-Robot Controllers"→"GP:1-LR Mate200iD/4S"→"Tooling"，出现工具目录"UT:1"到"UT:10"，即可安装10把工具，如图9.41所示。

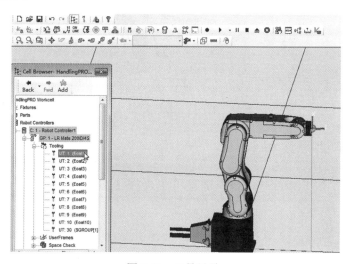

图 9.41　工具目录

第二步：双击"UT:1"，在弹出的对话框中选择"General"选项卡，如图9.42所示。其中的"CAD File"为工具的文件目录，其右边有两个按钮，分别是为打开ROBOGUIDE自带的工具模型库和打开文件浏览窗口。这里选择打开文件浏览窗口，加载"夹具.STL"。选好模型后单击【OK】，工具安装在机器人法兰盘上，如图9.43所示。

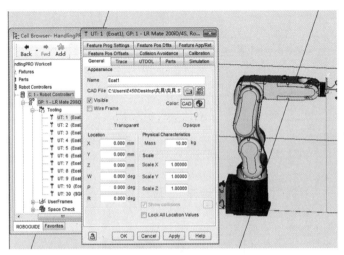

图9.42　通用设置

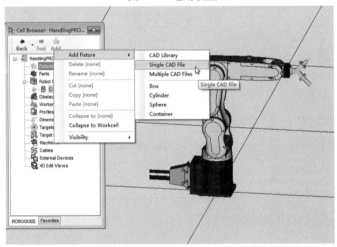

图9.43　工具安装

9.2.5　实训模块导入

　　第一步：右击"Fixture"，在右键菜单中选择【Add Fixture】→【Single CAD File】，如图9.44所示。

EduBot

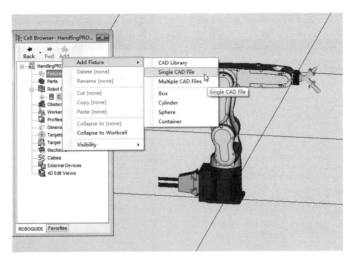

图9.44 添加 Fixture

第二步：在"Fixture"对话框中选择"General"选项卡。在"CAD File"框中添加"工业机器人基础实训模块.STL"。修改"Location"下方的坐标参数，使实训模块摆放在合适的位置，如图9.45所示。

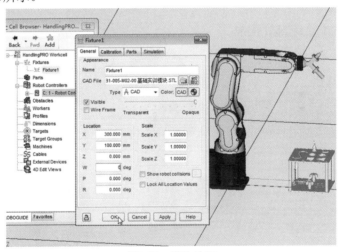

图9.45 模块放置

9.2.6 离线仿真实例

第一步：单击【Robot】→【Teach Pendant】,打开示教器。示教器界面如图9.46所示。

第二步：单击【Select】，示教器屏幕上出现程序管理窗口。单击【创建】，创建新程序，修改程序名称，如图9.47所示。完成后单击【ENTER】，进入程序编辑界面。

●FANUC离线
编程实例

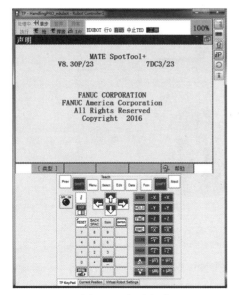
图9.46　新建程序

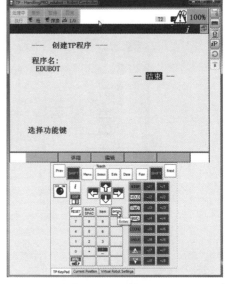
图9.47　示教器

第三步：通过示教器调整机器人工具姿态，使Y形夹具带标定模块的一端垂直朝下，如图9.48所示。

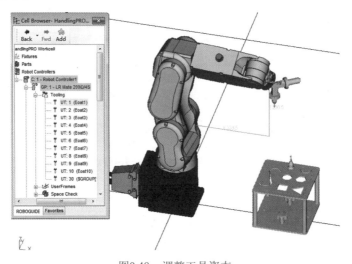
图9.48　调整工具姿态

第四步：通过示教器将机器人移动到实训模块上的矩形的第一个顶点，示教当前位置，作为运动路径的第一点，如图9.49所示。

第五步：通过示教器将机器人移动到实训模块上的矩形的第二个顶点，示教当前位置，作为运动路径的第二点，如图9.50所示。

第六步：通过示教器将机器人移动到实训模块上的矩形的第三个顶点，示教当前位置，作为运动路径的第三点，如图9.51所示。

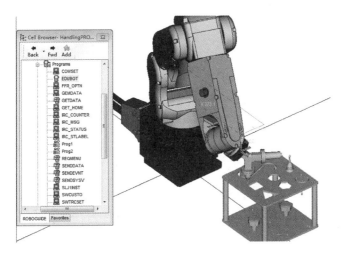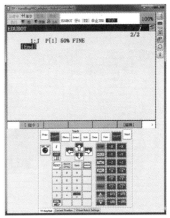

图9.49　示教第一点

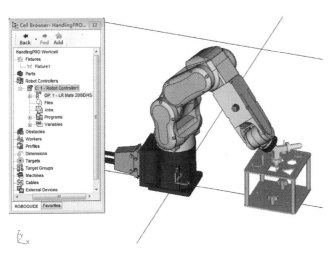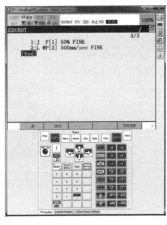

图9.50　示教第二点

第七步：通过示教器将机器人移动到实训模块上的矩形的第四个顶点，示教当前位置，作为运动路径的第四点，如图9.52所示。

第八步：通过示教器将机器人移动到实训模块上的矩形的第一个顶点，示教当前位置，作为运动路径的第五点，如图9.53所示。到此，一个简单的矩形轨迹示教完成。

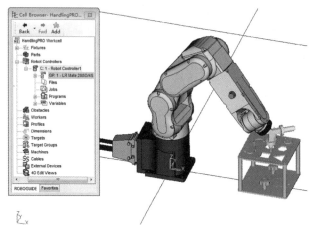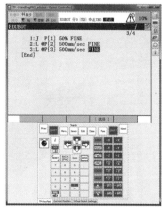

图9.51　示教第三点

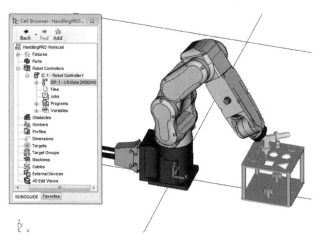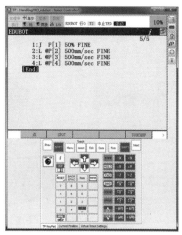

图9.52　示教第四点

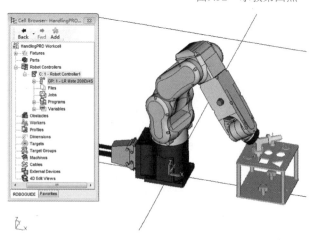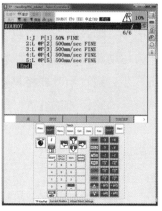

图9.53　示教第五点

9.3　EPSON离线编程—RC+7.0

9.3.1　RC+7.0简介

EPSON RC+7.0强大的项目管理和开发环境，以及直观的窗口界面、开放结构和综合图像处理，使其非常适合应用于程序的简单编程。该软件能够控制EPSON所有类型的机器人及其功能，还支持3D图形环境，能够几乎完全模拟机器人运动。它通过USB或以太网与控制器进行通信，可以将一台计算机连接到多个控制器上。

9.3.2　下载和安装

RC+7.0下载地址为：https://neon.epson-europe.com/robots/?content=687，下载页面如图9.54所示。

（1）点击"Epson RC+ v7.0.5 Trail"，开始下载。

（2）将下载完的软件压缩包解压后，打开文件夹，双击setup.exe，根据向导完成安装。安装完成后，计算机桌面出现对应的快捷图标，如图9.55所示。

本书是以EPSON RC+V7.1.0版本为基础，进行相关应用介绍的。

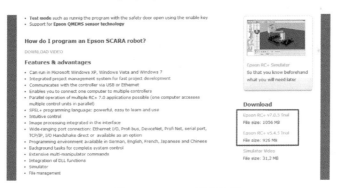

图9.54　RC+7.0下载地址

图9.55　快捷图标

9.3.3 用户界面

双击图9.55所示的快捷图标，进入EPSON RC+7.0的用户界面，如图9.56所示。

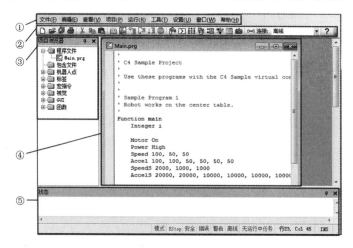

图9.56 用户界面

①—菜单栏；②—工具栏；③—项目浏览器；④—子画面；⑤—状态栏

用户界面主要包括5部分。

（1）菜单栏。

提供相关功能选项，包括：

①文件菜单：当前项目中管理和打印文件命令。

②编辑菜单：包含编辑文件命令。

③查看菜单：包括打开项目管理器、状态窗口和查看系统历史记录的命令。

④项目菜单：包括管理和构建项目的命令。

⑤运行菜单：包括运行和调试程序的命令。

⑥工具菜单：打开工具栏的所有工具。

⑦设置菜单：计算机与控制器通信、系统设置、选项、选件。

⑧窗口菜单：管理当前打开的EPSON RC+7.0子窗口的选项。

⑨帮助菜单：访问帮助系统和手册以及版本信息的选项。

（2）工具栏。

提供各种编辑工具。为方便使用及提高效率，在用户界面的相应位置上设立各种工具图标。

（3）项目浏览器。

可以打开当前项目中的任何文件或跳转到任何功能。项目文件和功能以有序的树形结构进行组织。

用EPSON RC+制作的应用程序被称作项目来管理。可以把项目看成是用来实现使用机器人的应用所需的信息汇总的容器，由与一个以上的程序文件、点文件和应用程序关联的设定文件等构成。项目结构如图9.57所示。

"项目浏览器"窗格中有一个上下文菜单，可对项目树中的各个元件进行各种操作。若要访问上下文菜单，右键单击项目树中的某个项目，如图9.58所示。

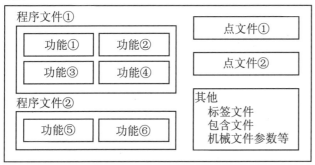

图9.57　项目结构示例　　　　　　　　　图9.58　上下文菜单

用户可以将"项目浏览器"窗格移动到主窗口的左侧或右侧。移动窗格的方法为：单击窗口上方的栏，拖动到主窗口的左侧或者右侧，然后松开鼠标按键。

（4）子画面。

用于编辑、显示程序等。

（5）状态栏。

显示项目编辑状态、系统错误、警告等信息。

9.3.4　基本操作

1. 计算机与控制器通信

本节主要介绍利用以太网连接控制器，具体操作步骤如下。

第一步：先修改PC的IP地址为192.168.0.2~254之间的值，保证PC和控制器在同一网段，如图9.59所示。

第二步：点击【设置】→【电脑与控制器通信】，或者单击工具栏上的【▭】按键，进入图9.60所示界面，单击【增加】。

第三步：在弹出的对话框图9.61中，选择【通过以太网连接控制器（C）】→【确定】，进入图9.62所示界面。

图9.59　修改PC的IP地址

图9.60　电脑与控制器通信界面

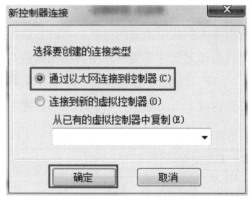
图9.61　新控制器连接界面

第四步：输入IP地址（控制器默认地址192.168.0.1），单击【应用】，进入如图9.63所示界面。

图9.62　新建控制器连接

图9.63　应用新建的控制器连接

第五步：单击【连接】，确认此时连接状态变为"已连接"，然后单击【关闭】，如图9.64所示，则计算机与控制器的连接完成，可以进行机器人管理的相关操作。

如果需要断开以太网连接，则先单击【断开】，如图9.65所示，然后拔出以太网电缆。

图9.64　连接完成

图9.65　断开以太网连接

2. 机器人管理器

在菜单栏中，单击【工具】→【机器人管理器】，或直接单击工具栏【📷】，或按F6键，打开机器人管理器。

🖙如果出现如图9.66所示的提示，则说明控制器之前已有项目文件，需要进行覆盖操作。确认覆盖不会影响控制器工作后点击【是】。

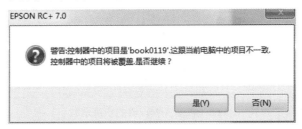

图9.66　项目覆盖警告

（1）控制面板。

机器人管理器的控制面板如图9.67所示。

图9.67　机器人管理器的控制面板

①状态：紧急停止、安全防护、电机、运行功率。

②电机：MOTOR ON/MOTOR OFF，准备打开/关闭电机。

③运行功率：HIGH/LOW，在打开电机时是显示状态。

④松开刹车：释放所有/锁定所有，释放单个关节。

⑤重置：将机器人伺服系统和紧急停止状态重置。

⑥回起始位：将机器人移到HomeSet命令指定的位置。

（2）步进示教。

机器人管理器的步进示教如图9.68所示。

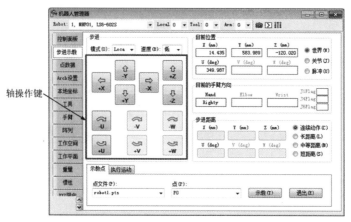

图9.68　机器人管理器的步进示教

①目前位置。

a. 世界：显示所选本地坐标系中当前的位置和工具的方向。

b. 关节：显示当前的关节值。

c. 脉冲：显示每个关节当前脉冲编码器数。

②步进模式。

a. 默认：指在当前的局部坐标系、工具坐标系、机器人属性、ECP坐标系上，向x轴、y轴、z轴的方向微动动作。如果是SCARA型机器人，也可以向U方向微动。

b. 工具：向工具定义的坐标系的方向微动移动。

c. Local：向定义的局部坐标系的方向微动移动。

d. 关节：各机器人的关节单独微动移动。不是直角坐标型的机器人使用该模式时，显示单独的微动按钮。

③步进速度：低和高。

④轴操作键：点击进行相应轴的操作。

⑤目前的手臂方向：显示左手（lefty）还是右手（righty）。

⑥步进距离：选中"连续动作"，表示机器人在连续模式下步进，此时步进距离文本框成灰色，不可更改；选中"短、中等、长距离"，步进距离可参考表9.3。

表9.3　步进距离

距离	设定值	默认值
短距离	0~10	0.1
中等距离	0~30	1
长距离	0~180	10

如果步进距离超出预设，可通过重启控制器，将步进距离设置为默认状态。

⑦示教点：可以示教点。

⑧执行运动：可以选择对应的目标和命令，执行运动。

（3）点数据。

机器人管理器的点数据如图9.69所示。

图9.69　机器人管理器的点数据

选择一个点文件，机器人会将该点文件加载到内存。可以在点文件的表格里修改点数据，当示教点后，点数据表格会更新。

3.命令窗口

在菜单栏中，单击【工具】→【命令窗口】，或者单击【▷】，或者按Ctrl+M键，打开命令窗口，如图9.70所示。

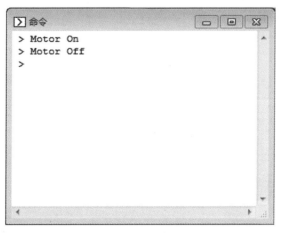

图9.70　命令窗口

在命令窗口中可以直接输入命令。每次输入完一行指令，可按一次Enter键执行命令，等待提示返回。发生错误时，错误编号会随着错误一起返回。

例：>Motor On

>Motor Off

4. 程序编辑和执行

程序编辑和执行的具体操作步骤如下。

第一步：在菜单栏中，选择【项目】→【新建】，如图9.71所示，建立新的项目。

第二步：在弹出的对话框中，如图9.72所示，输入新建项目名称，如test。

第三步：点击【确定】，生成新的项目，如图9.73所示。

第四步：编辑程序。在Main.prg编辑子画面中输入以下程序：

Print"This is my first program"

输入完成的画面如图9.74所示。

图9.71　新建项目　　　　　　　　　图9.72　新建项目对话框

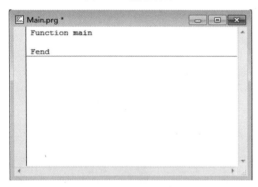

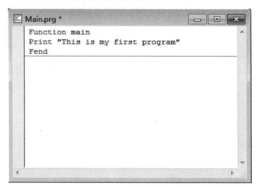

图9.73　Main.prg编辑界面　　　　　　　　图9.74　输入程序

第五步：执行程序。

①按F5键后，程序被编辑读入内存。项目创建过程中如果不发生错误，则显示运行窗口，如图9.75所示。

②点击运行窗口的【开始】，在弹出如图9.76所示的对话框中单击【是】，执行程序。此时运行窗口如图9.77所示。

图9.75　运行窗口①

图9.76　确认运行程序

图9.77　运行窗口②

9.3.5　离线仿真应用

在项目的评估阶段（或者项目设计阶段），还未进行真机安装时，可以利用Simulator（仿真器）进行方案评估设计，测试机械臂的动作流程、速度和行程等方面是否能满足需求，并可对其仿真的工作过程进行录制。

EPSON RC+软件可以使用仿真功能进行程序验证，方便开发调试。使用仿真器的优点有：

①可以和实际真机一样，进行示教、运行程序等动作。

②可以设置外部机构的几何模型。

③直观显示Tool/Local坐标系。

④可以观看运动轨迹并检查干涉。

⑤可以对仿真过程进行录制和分享。

●EPSON离线
编程应用

1.仿真器连接

仿真器用以连接虚拟机器人，具体方法如下。

（1）从工具栏"连接"的下拉选项中选择【C4 Sample】或【G6 Sample】，如图9.78

所示。

（2）点击【工具】→【Simulator】，或单击工具栏中【🖥】，或者按Ctrl+F5键，打开仿真器，其界面如图9.79所示。

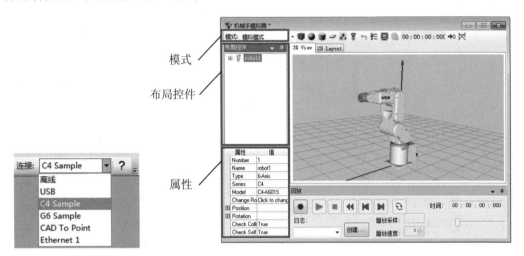

图9.78　选择仿真连接　　　　　　　　　　图9.79　仿真器界面

机器人仿真模式有两种：**模拟模式和回放模式**。

➤ **模拟模式**

可以进行添加模型、更改机器人属性、录制等操作。

➤ **回放模式**

可以对已经录制的视频进行播放。

☞当连接到真实机器人时，机器人仿真器不可用。

☞仿真器数据的存放位置在安装目录\EpsonRC70\Simulator下。可以将整个仿真器文件复制到其他计算机上进行仿真。

2.虚拟元件添加

可以根据需要在仿真器中添加和布局虚拟的元件，用于模拟实际机器人工作站的情况，方便演示操作、测试干涉和优化轨迹等。

通过点击工具栏中【🔲⚫⬜🔶🖥🤚】添加虚拟元件，分别为立方体、球体、圆柱体、平面、CAD模型和手对象。例如添加立方体Sbox_1，如图9.80所示。

3.布局调整

（1）在2D Layout中，点击选中对应的元件，或者在左边的布局控件列表中选择。

（2）在左侧的属性中，对立方体元件进行Position（位置）、Half size（半尺寸）和Rotation（旋转）调整，如图9.81所示。

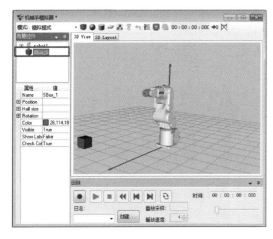

图9.80 添加立方体元件

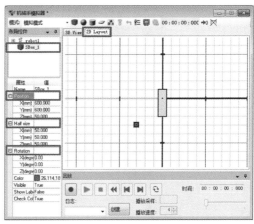

图9.81 调整元件属性

不同元件对应的属性参数有所不同。

4. 机器人设置

设置机器人模型的型号、名称、位置、角度等参数，具体步骤如下。

（1）点击布局控件中的【robot1】，如图9.82所示。

（2）在其属性窗口点击【Change Robot】→【...】，如图9.82所示。

（3）在弹出的更改机器人窗口中更改相关参数，如图9.83所示。

图9.82 选择robot1

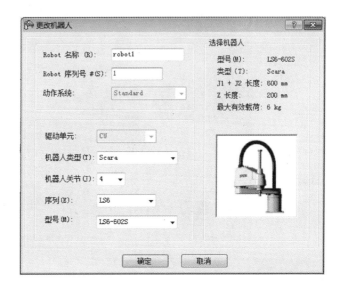

图9.83 更改机器人参数

（4）单击【确定】，重启控制器，完成机器人设置，如图9.84所示。

5. 末端执行器导入

点击选中【Robot1】→【Hand】，或者点击工具栏中【🔧】，选中对应末端执行器

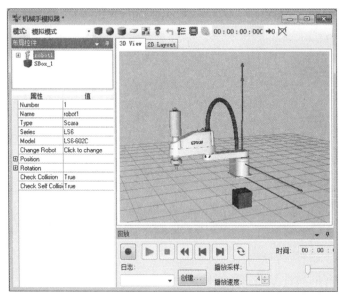

图9.84　完成机器人更改

的3D模型文件，即可导入末端执行器，如图9.85所示。

该末端执行器会随着机械臂的运动而运动，方便模拟仿真。末端执行器控件属性如图9.86所示。

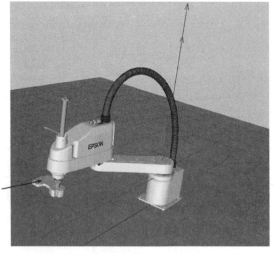

图9.85　导入末端执行器

图9.86　末端执行器控件属性

6. 干涉与轨迹显示

在模拟过程中，机器人之间（包括它的机械臂和布局对象）可以进行碰撞检测。

在机器人的【属性】窗口中，可以配置碰撞检测。

➤ 检测有无碰撞CheckCollision启用

True为默认值，禁用为False，如图9.87所示。

➢ 检测有无自碰撞Check Self Collision启用

True为默认值，禁用为False，如图9.87所示。

图9.88所示为机器人发生碰撞干涉。

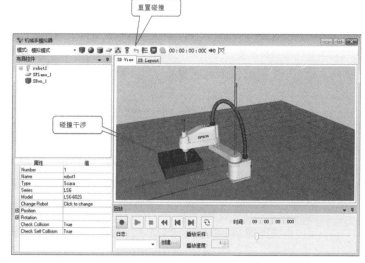

图9.87　配置碰撞检测　　　　　　　　　　图9.88　碰撞干涉

9.4　数字化工厂仿真—Visual Component

9.4.1　软件介绍

● Visual Component

Visual Component提供了一整套的进阶数位工厂模拟仿真解决方案，软件提供免费的产业标准数据库，包括机器人设备、输送设备、自动仓储设备、物流设备、工装工具设备、数控加工设备等，用户可从网络共享的各设备供应商的部件库中找到所需素材，根据需求快速设计仿真应用。

该软件的高阶版本（3DCreate）具有强大的图形编辑与创作环境，可快速创建、发布3D组件的设备模型，能真实呈现现实设备的外观及其功能行为。用户可轻易使用3D组件模型分层产品以及重复使用设备资料库，简易结合设备模型，设定设备几何外形与性能参数。

该软件提供仿真环境中机器人的快速示教功能，并提供灵活的碰撞监测，可实现空间确认与干涉确认等功能，能够有效地模拟现实情景。用户对机器人动作示教完成后，可快速导出机器人程序，实现机器人OLP离线自动编程（机器人路径自动生成与后处理）。

通过软件内置的分析统计和报告工具，可计算产能及分析生产瓶颈、加工时间、利用率等，在仿真模拟阶段即可有效地分析工厂生产能力。

　　除此之外，软件提供开放式平台，可利用Python语言实现系统的快速定制化处理，并且软件提供特殊程序添加接口Add-Ons以扩展软件应用，提供的（.NET）接口可集成到企业的SCADA、MES和ERP系统中。

　　Visual Component软件根据功能进阶的不同，主要有3DRealize R、3DSimulate、3DCreate及3DAutomate 4个版本，其功能区别如图9.89所示。

功能对比	3DAutomate	3DCreate	3DSimulate	3DRealize R
实时仿真模拟功能	✓	✓	✓	✓
网络在线组建库连结	✓	✓	✓	✓
仿真模拟创建及即插即用功能	✓	✓	✓	✓
仿导出高分辨率的位图	✓	✓	✓	✓
导出2D图形交换格式的布局如：DXF	✓	✓	✓	✓
导出3D PDF格式的布局	✓	✓	✓	
机器人试教功能	✓	✓	✓	✓
统计分析报告工具	✓	✓	✓	
访问COM接口功能	✓	✓	✓	
导入及操作模型	✓	✓		
组建建模功能	✓	✓		
离线编程工具(OLP)	✓	✓		
自动路径规划	✓			
巨型模型处理	✓			

图9.89　4个版本的功能区别

　　本书以3DCreate版本为基础，进行相关应用介绍。

9.4.2　用户界面

　　打开供应商提供的软件安装包，按照提示安装软件。软件安装完成后计算机桌面上会自动生成相应版本的软件快捷图标，如图9.90所示，双击可进入3DCreate的用户界面，如图9.91所示。

图9.90　3DCreate快捷图标

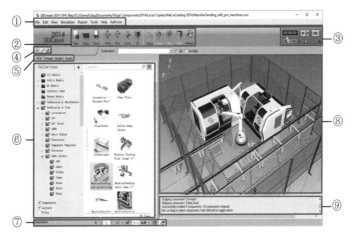

图9.91　3DCreate软件的用户界面

①—菜单栏；②—工具栏；③—仿真控制区；④—过滤器；⑤—功能选项卡；
⑥—功能区；⑦—状态栏；⑧—3D界面；⑨—信息栏

3DCreate软件的功能选项卡共有4个功能：

➢ eCat：电子目录，该选项卡下可直接选择拖动部件库中的部件到3D界面下。

➢ Param：参数，该选项卡主要用于当前部件的参数配置。

➢ Create：建模，该选项卡用于部件模型配置，3DCreate以上版本有此功能。

➢ Teach：机器人示教，该选项卡用于机器人离线示教。

9.4.3　数字化工厂仿真应用

本节旨在建立一个简单的加工处理布局方案，即机器人将输送线上传输到位的加工件夹取放置到CNC中，加工件在CNC中加工处理完毕后，再由机器人取出放到输送线上。加工处理应用的具体操作步骤如下。

第一步：打开一个新的布局图，在其功能选项卡内，单击【eCat】→【Machine Tending folder】（加工中心文件夹），添加【Machine Tending Inlet】（加工中心入口）和【Machine Tending Outlet】（加工中心出口）部件至3D界面。

第二步：从【Conveyors folder】（传送带文件夹）中添加两个【Basic Conveyor】（基本输送带）至3D界面，如图9.92所示。

第三步：使用PnP连接输送带A的一侧至加工中心入口的输入接口上，将输送带B的一侧连接至加工中心出口的输出接口上。

第四步：从传送带文件夹中添加一个【Basic Feeder】（基本生成工具）部件到3D界面中，并使用PnP将其连接到输送带A的另一侧。

第五步：从加工中心文件夹中添加一个【CNC Lathe】（数控设备）部件到3D界面中，如图9.93所示。

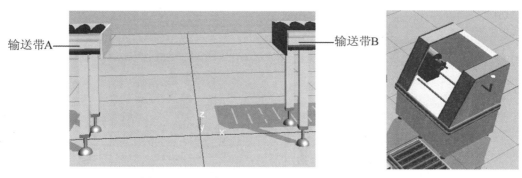

图9.92　添加输送带　　　　　　　　　图9.93　添加CNC

第六步：通过使用工具栏中的移动工具【🔧】（Translate），将各部件移动至如图9.94所示的对应位置，对整个方案进行合理布局。

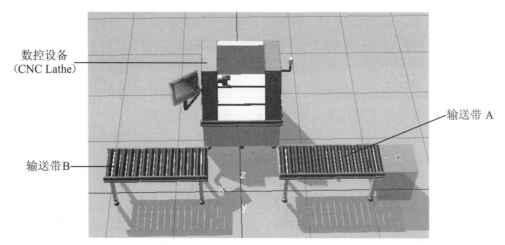

图9.94　合理布局

第七步：从加工中心文件夹选择添加【Machine Tending Robot Manager】（机器人加工趋向管理器）部件，从【Robot】（机器人文件夹）选择添加【Generic Articulated Robot】（通用六关节机器人）；从【Tools】（工具文件夹）选择添加【Single Gripper】（单抓手）。

第八步：使用PnP工具将机器人放置到机器人加工趋向管理器上，并将单抓手安装到机器人的末端法兰处，如图9.95所示。

第九步：选择机器人，在其功能选项卡内单击【Param】→【WorkSpace】（工作空间），勾选【Envelope】，如图9.96所示，使机器人的工作空间（灰色的椭圆形区域）可见，并将布局图上的相关部件移动至机器人工作空间可达位置，如图9.97所示。

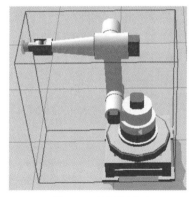

图9.95 放置机器人

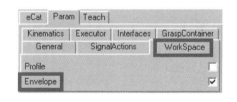

图9.96 设置机器人工作空间可见

第十步：选择数控设备，在其功能选项卡内单击【Param】→【General】，勾选【ShowBeaconlight】，如图9.98所示。

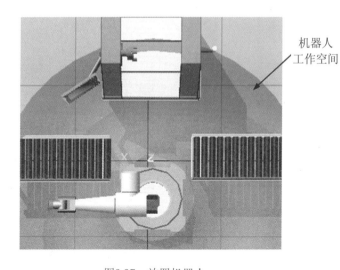

机器人工作空间

图9.97 放置机器人

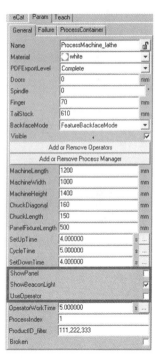

图9.98 设置CNC参数

由于本例是采用机器人来完成输送动作的，所以【显示面板（ShowPanel）】与【操作员（UseOperator）】不需要启用，无需勾选。

第十一步：选择机器人控制器，在其功能选项卡内单击【Param】→【General】，选择【Connect Process Stages】（连接加工阶段），如图9.99所示。

第十二步：在弹出的对话框中依次选择Machine Tending Inlet、Machine Tending Outlet和Process Machine，点击【Add】，如图9.100所示。

当3个组件连接好后，系统会在3D界面显示为绿色，如图9.101所示，这时单击

【Close】，将对话框关闭。

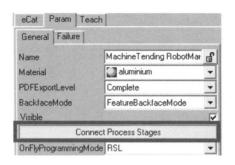

图9.99　机器人控制器参数功能

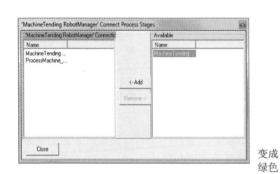

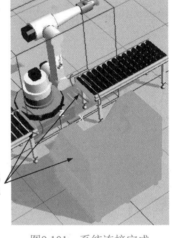

变成
绿色

图9.100　设置连接　　　　　　图9.101　系统连接完成

第十三步：运行模拟程序来查看确认加工处理中心布局的仿真过程，如图9.102所示。

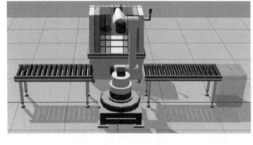

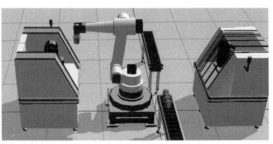

(a)　　　　　　　　　　　　　(b)

图9.102　加工处理仿真

本章小结

在产品制造的同时对机器人系统进行离线编程，通过可视化及可确认的解决方案和布局来降低风险，并通过创建更加精确的路径来获得更高的部件质量，从而提早进行产品生产，缩短上市时间。

思考题

1. 在RobotStudio中，ABB机器人仿真系统如何建立？

2. 在ROBOGUIDE中，FANUC机器人仿真系统如何建立？

3. 如何通过RC+7.0来实现EPSON机器人的步进示教和碰撞检测？

4. 简述利用 VisualComponent建立加工处理布局方案的过程。

第10章 工业机器人新时代

随着工业4.0时代的来临，全世界的制造企业也即将面临各种新的挑战。有些挑战已经通过日益成熟的自动化及自动化解决方案中工业机器人的使用得到了应对。在过去的生产线和组装线等工作流程中，人和工业机器人是隔离的，这一格局将有所改变。

协作型机器人作为一种新型的工业机器人，扫除了人机协作的障碍，让机器人彻底摆脱护栏或围笼的束缚，其开创性的产品性能和广泛的应用领域，为工业机器人的发展开启了新时代。

学习目标

1. 了解工业机器人发展新趋势。
2. 了解新型工业机器人。

● 工业机器人
发展新趋势与
ABB-YuMi

10.1 工业机器人发展新趋势

目前，在工业机器人实际应用过程中，呈现的新趋势主要表现在两个方面：**智能协作机器人和双臂机器人**。

1. 智能协作机器人

未来的智能工厂是人与机器和谐共处所缔造的，这就要求机器人能够与人一同协作，并与人类共同完成不同的任务。这既包括完成传统的"人干不了的、人不想干的、人干不好的"任务，又包括能够减轻人类劳动强度、提高人类生存质量的复杂任务。正因如此，智能协作可被看作新型工业机器人的必有属性。

智能协作给未来工厂的工业生产和制造带来了根本性的变革，具有决定性的重要优势：

①生产过程中的灵活性最大。

②承接以前无法实现自动化且不符合人体工学的手动工序，减轻员工负担。

③降低受伤和感染危险，例如使用专用的人机协作型夹持器。

④高质量完成可重复的流程，而无需根据类型或工件进行投资。

⑤采用内置的传感系统，提高生产率和设备复杂程度。

基于智能协作的优点，顺应市场需求，更加灵活的协作型机器人成为一种承担组装和提取工作的可行性方案。它可以把人和机器人各自的优势发挥到极致，让机器人更好地和工人配合，能够适应更广泛的工作挑战，如图10.1所示。

图10.1   智能协作机器人塑料行业应用

智能协作机器人的主要特点有：

➢ **轻量化**

使机器人更易于控制，提高安全性。

➢ **友好性**

保证机器人的表面和关节是光滑且平整的，无尖锐的转角或者易夹伤操作人员的缝隙。

➢ **感知能力**

感知周围的环境，并根据环境的变化改变自身的动作行为。

➢ **人机协作**

具有敏感的力反馈特性，当达到已设定的力时会立即停止，在风险评估后可不需要安装保护栏，使人和机器人能协同工作。

➢ **编程方便**

对于一些普通操作者和非技术背景的人员来说，都非常容易进行编程与调试。

智能协作机器人与传统工业机器人的特点对比见表10.1。

表10.1   智能协作机器人与传统工业机器人的特点对比

智能协作机器人	传统工业机器人
可手动调整位置或可移动	固定安装
频繁的任务转换	周期性、重复性任务
通过离线方式在线指导	由操作者在线或离线编程
始终与操作者交互	只在编程时与操作者交互
与人类共处	工人与机器人由安全围栏隔离

2. 双臂机器人

当前工业机器人的应用基本上是为单臂机器人独自工作准备的，这样的机器人只适用于特定的产品和工作环境，并且依赖于所提供的末端执行器。一般地，单臂机器人只适合于刚性工件的操作，并受制于环境。随着现代工业的发展和科学技术的进步，对于许多任务而言，单臂操作是不够的。因此，为了适应任务复杂性和系统柔顺性等要求，双臂工业机器人成为一种可行性，如图10.2所示。

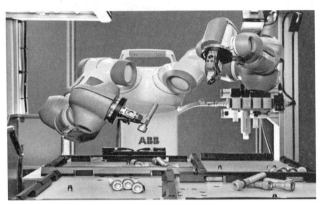

图10.2　生产线上的双臂机器人

在某种程度上，双臂机器人可以看作两个单臂机器人在一起工作。当把其他机器人的影响看作一个未知源的干扰的时候，其中的一个机器人就独立于另一个机器人；但双臂机器人作为一个完整的机器人系统，双臂之间存在着依赖关系。它们分享使用传感数据，双臂之间通过一个共同的联接形成物理耦合，最重要的是两臂的控制器之间的通信，使得一个臂对于另一个臂的反应能够做出对应的动作、轨迹规划和决策，也就是双臂之间具有协调关系。

双臂机器人的作用特点主要表现在以下4个方面：

①在末端执行器与臂之间无相对运动的情况下，如双臂搬运钢棒等类似的刚性物体，比两个单臂机器人相应动作的控制要简单得多。

②在末端执行器与臂之间有相对运动的情况下，通过两臂间的较好配合能对柔性物体如薄板等进行控制操作，而两个单臂机器人要做到这一点是比较困难的。

③工作时，双臂能够避免两个单臂机器人在一起工作时产生的碰撞情况。

④双臂能够通过各自独立工作完成对多目标的操作与控制，如将螺帽放到螺钉上的配合操作。

10.2　新型工业机器人

10.2.1　ABB—YuMi

YuMi是ABB公司首款协作机器人，如图10.3所示，它是专为基于机器人灵活自动化的制造行业（例如3C行业）而设计的。该机器人为开放结构，应用灵活，且可以与广泛的外部系统进行通信。

YuMi机器人的特点如下。

➤ 面向小零件组装的解决方案

YuMi是一个双7轴臂机器人，如图10.4所示，工作范围大，灵活敏捷，精确自主，主要用于小组件及元器件的组装，如机械手表的精密部件和手机、平板计算机以及台式计算机的零部件等，如图10.5所示。整个装配解决方案包括自适应的手、灵活的零部件上料机、控制力传感、视觉指导和ABB的监控及软件技术。

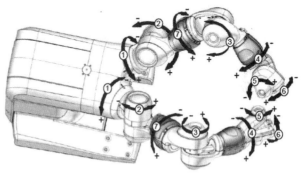

图10.3　ABB YuMi机器人　　　　　　　　图10.4　YuMi的双7轴臂

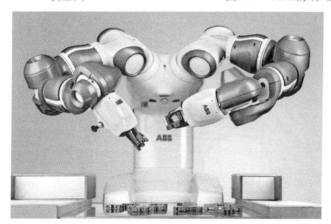

图10.5　YuMi用于小零件装配作业

➤ 专为人机协作设计

"YuMi"的名字来源于英文"you"（你）和"me"（我）的组合。该机器人采用了"固有安全级"设计，拥有软垫包裹的机械臂、力传感器和嵌入式安全系统，因此可以与人类并肩工作，没有任何障碍。它能在极狭小的空间内像人一样灵巧地执行小件装配所要求的动作，可最大限度节省厂房占用面积，还能直接装入原本为人设计的操作工位。

➤ 适用于消费电子行业

YuMi最初是针对消费电子行业零部件组装过程中的柔性、灵活性和高精度而设计的。它也很容易渗入到其他市场。

> **新时代的新色彩**

YuMi的石墨白色是ABB机器人的新颜色。

YuMi机器人的主要技术参数见表10.2。

表10.2　YuMi机器人的主要技术参数

规格			
型号	工作范围	有效负荷	手臂负荷
IRB 14000	500 mm	500 g	—
特性			
集成信号接口		24V 以太网或 4 路信号	
集成气路接口		手臂工具法兰（4Bar）	
重复定位精度		±0.02 mm	
机器人安装		台面	
防护等级		IP30	
控制器		集成	
运动			
轴运动	运动范围	最大速度/[（°）·s^{-1}]	
轴 1 旋转	-168.5º~168.5º	180	
轴 2 手臂	-143.5º~ 43.5º	180	
轴 3 手臂	-123.5º~ 80.0º	180	
轴 4 手腕	-290.0º~290.0º	400	
轴 5 弯曲	-88.0º~138.0º	400	
轴 6 翻转	-229.0º~229.0º	400	
轴 7 旋转	-168.5º~168.5º	180	
性能			
0.5 kg 拾料节拍			
25 mm×300 mm×25 mm		0.86 s	
TCP 最大速度		1.5 m/s	
TCP 最大加速度		11 m/s^2	
加速时间(0~1 m/s)		0.12 s	
物理特性			
基座尺寸		39 mm×496 mm	
质量		38 kg	

为了让YuMi能够更好地完成人机协作作业，ABB为其设计了专用模块化伺服夹具，如图10.6所示。该夹具是一款多功能夹具，可以用于部件处理和组装，配有一个基本伺服模块和两个选件功能模块（气动和视觉）。3种模块可以有5种不同组合，见表10.3，用于不同场合。该夹具拥有专利浮动外壳结构，有助于在碰撞时吸收冲击力，其

集成视觉系统是将相机嵌入装置内，以实现视觉引导作业。

(a) 默认   (b) 集成一个气动模块   (c) 集成一个气动模块和视觉模块

图10.6   模块化伺服夹具

表10.3   模块化伺服夹具的5种组合

序号	组合	包括
1	伺服	1个伺服模块
2	伺服 +气动	1个伺服模块 + 1个气动模块
3	伺服 +气动1+气动2	1个伺服模块 + 2个气动模块
4	伺服 +视觉	1个伺服模块 + 1个视觉模块
5	伺服 +视觉 +气动	1个伺服模块 + 1个视觉模块 + 1个气动模块

10.2.2   KUKA—LBR iiwa

● KUKA—LBR iiwa

LBR iiwa是KUKA开发的第一款量产灵敏型机器人，也是具有人机协作能力的机器人，如图10.7所示。LBR表示"轻型机器人"，iiwa则表示"intelligent industrial work assistant"，即智能型工业作业助手。该款机器人使用智能控制技术、高性能传感器和最先进的软件技术，可实现全新的协作型生产技术解决方案。

LBR iiwa是一款具有突破性构造的7轴机器人手臂，如图10.8所示，其极高的灵敏

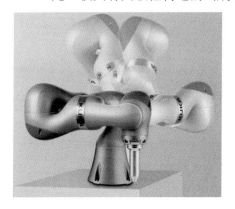

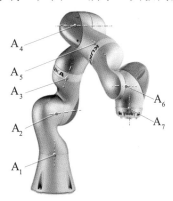

图10.7   KUKA LBR iiwa机器人   图10.8   LBR iiwa的7轴机器人手臂

度、灵活度、精确度和安全性的产品特征，使它更接近于人类的手臂，并能够与不同的机械系统组装到一起，特别适用于柔性、灵活度和精准度要求较高的行业，如电子、医药、精密仪器等工业，可满足更多工业生产中的操作需要，如图10.9所示。

图10.9　LBR iiwa机器人在物流领域中的应用

LBR iiwa的主要特点如下。

> **反应快速**

LBR iiwa所有的轴都具有高性能碰撞检测功能和集成的关节力矩传感器，使其可以立即识别接触，并立即降低力和速度。它通过位置和缓冲控制来搬运敏感的工件，且没有任何会导致夹伤或剪伤的部位。

> **灵敏**

LBR iiwa机器人的结构采用铝制材料设计，超薄轻铝机身令其运转迅速，灵活性强。作为轻量级高性能控制装置，LBR iiwa可以以动力控制方式快速识别轮廓。它能感测正确的安装位置，以最高精度快速地安装工件，并且与轴相关的力矩精度可达到最大力矩的±2%。即使没有操作者的帮助，LBR iiwa也能立即找到微型的工件。

> **自适应**

可从3个运行模式中选择并对LBR iiwa进行模拟编程，指出预期的位置，它会自动记录轨迹点的坐标，也可以很方便地通过触摸使其暂停和对其进行控制。

> **独立**

即使是复杂的调试任务，LBR iiwa的KUKA Sunrise Cabinet控制系统也能够方便快速调试。同时它还可以通过学习来完善自己的功能，操作者可以让它可靠、独立地完成不符合人体工学设计的单一作业。

可人机协作的灵敏型机器人LBR iiwa有两种机型可供选择，负载能力分别为7 kg和14 kg。表10.4是7 kg的LBR iiwa机器人的主要技术参数。

LBR iiwa 7 R800机器人的各轴运动参数见表10.5。

LBR iiwa机器人采用介质法兰结构，如图10.10所示，外部组件的拖链系统隐蔽在运动系统结构中。拖链系统有气动和电动两款。

表10.4 LBRiiwa 7 R800的主要技术参数

型号	LBRiiwa 7 R800
工作范围	800 mm
有效负荷	7 kg
控制轴数	7
重复定位精度	±0.1 mm
重量	22.3 kg
安装位置	任意
控制器	KUKA Sunrise Cabinet

表10.5 LBR iiwa 7 R800机器人的各轴运动参数

轴	运动范围	最大转矩/(N·M^{-1})	最大速度/[(°)·s^{-1}]
A_1	±170°	176	98°/s
A_2	±120°	176	98°/s
A_3	±170°	110	100°/s
A_4	±120°	110	130°/s
A_5	±170°	110	140°/s
A_6	±120°	40	180°/s
A_7	±175°	40	180°/s

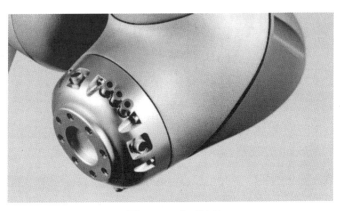

图10.10 介质法兰

10.2.3 Universal Robots—UR5

UR5机器人是 Universal Robots于2008年推出的全球首款协作机器人，如图10.11所示。UR5机器人有6个自由度（如图10.12所示），有效负载5 kg，自重18 kg，臂展850 mm，具有编程简单、安装迅速、部

● Universal Robots—UR5

署灵活、安全可靠等特点。UR5采用其自主研发的 Poly Scope机器人系统软件，该系统操作简便，容易掌握，即使没有任何编程经验，也可当场完成调试并实现运行。

　　UR系列机器人轻巧、节省空间、易于重新部署在多个应用程序中，而不会改变生产布局，使工作人员能够灵活自动处理几乎任何手动作业，包括小批量或快速切换作业。结构上采用模块化关节设计，通过监测电机电　流变化获取关键的关节力信息，实现力反馈，从而在保证安全性的同时摆脱了力矩传感器，生产成本大大降低，极大程度提高了市场竞争力。该机器人能够在无安全保护防护装置、旁边无人工操作员的情况下运转操作。图10.13所示为UR5在生产线上的应用。

图10.11　Universal Robots—UR5机器人

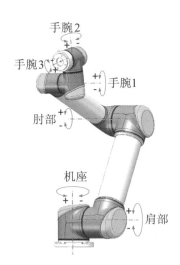

图10.12　UR5机器人自由度

图10.13　UR5机器人在生产线上的应用

　　UR系列机器人的主要特点如下：

　　➢ **安装快速**　普通操作员会打开机器人的包装、安装机器人并编程设置首个简单任务，通常只需不到一个小时。根据客户的使用反馈，进行完整设置的平均时间仅为半天。

➤ **部署灵活** 支持工厂的生产原线改造，轻巧的UR机器人易于移动、可以重新部署到新的流程中，几乎可以使任何手动作业，包括小批量生产和快速换线，能够迅速实现自动化。

➤ **编程简单** 借助直观的3D视图专利技术，无编程经验的操作人员可快速地对UR机器人进行编程、操作人员只需触摸简便易用的触屏平板上的箭头键，即可将机器人移动到所需的路径点。

➤ **综合使用成本低** UR机器人免维护、功率只有150W、不需要安全围栏、不需要专门的机器人编程维护人员。

➤ **协作性与安全性** 在全球范围内运行的UR机器人中，有80%以上是在工人旁边进行作业，无需使用传统围栏。协作式机器人可以把工人从肮脏、危险、乏味和容易造成伤害的工作中解放出来。

UR5机器人的产品参数见表10.6。

表10.6 UR5机器人的产品参数

性能		
重复定位精度	周遭温度范围	功率消耗
±0.03 mm	0～50℃	最小90 W，典型150 W，最大325® W
规格		
有效载荷	工作范围	自由度
5 kg	850 mm	6
硬件外观		
防护等级	材料	重量
IP64	铝、PP塑料	18.4 kg
轴运动范围		
轴运动	活动范围	最快速度
机座	±360°	±180°/s
肩部	±360°	±180°/s
肘部	±360°	±180°/s
手腕1	±360°	±180°/s
手腕2	±360°	±180°/s
手腕3	±360°	±180°/s

为了使UR机器人能够更好的完成作业，可配置专用的末端执行器、附件等配件，如图10.14所示。

(a) 协作式真空夹爪   (b) 力矩传感器套件   (c) 协作式焊接包   (d) 柔性移动单元

图10.14 UR机器人的配件

（1）协作式真空夹爪   内置真空传感器，不需要外部空气供应或电缆，且非常灵活，有可调节的夹持臂和可更换的吸盘，能使夹持器处理许多不同的大小和形状的物件。

（2）力矩传感器套件　结合了硬件和软件，使用简单，完全即插即用，利用程序模板，只需一个小时便可着手开发应用。可以精确测量夹持力或力矩，以打造力控应用，如抛光、接触感应等。

（3）协作式焊接包　可以轻松、灵活地部署在现有手工焊接室中，无需新建昂贵的的机器人工作单元。焊接系统集成至机器人中，包含送丝机、焊接电流高达 600 A的水冷焊枪、随附焊枪支架、电缆和软管包。通过直接将软件集成到UR机器人自有编程环境中来简化编程，用户可在示教器上直接编程高级设置。

（4）柔性移动单元　使用该单元，一个人即可轻松移动工作站和一个完整的、安装齐全的通用机器人，就像拉行李箱一样，且保养方便。可以最大化机器人自动化的移动性和灵活性。

10.2.4　Kawasaki—duAro

● Kawasaki—duAro

duAro是Kawasaki公司推出的双腕SCARA机器人，如图10.15所示，这个名字是由英语单词"dual"和"robot"组合而成。它是一项专为寿命较短、自动化尚不发达领域打造的能与人共同作业的革新性产品，实现了真正的人机协作。

duAro的主要特点如下。

➤ 节省空间

设置在同一轴上的两个手臂，如图10.16所示，可由一台控制器控制，且其安装空间仅为一个人所需空间。同轴双手臂的构造不仅实现了双手臂作业，也实现了两台定位机器人无法做到的两个手臂相互协调、共同完成作业的可能。

图10.15　Kawasaki duAro机器人

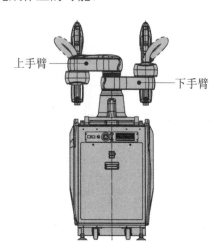

图10.16　duAro机器人的双手臂

➢ **设置简便**

控制器放置于设置手臂的台车内，通过移动台车即可简单地完成机器人的设置工作。

➢ **与人员的协同作业**

选用低输出伺服电机，并且通过区域监视实现减速，使其与人员间的协同作业得以实现。除此之外，一旦机器人与作业人员发生碰撞的可能，也会通过其配置的冲突检测功能瞬间停止机器人运行。

➢ **简易示教**

可通过操作人员手持机械臂进行直接动作示教作业，简易快捷，也可通过示教器或者平板计算机进行示教作业。

➢ **选件丰富**

示教器和平板计算机都可与多台机器人进行连接。另外，还有视觉系统及标准抓手选件可供选择。

基于以上的特点，duAro机器人广泛应用于装配、包装、物料搬运、配药、电

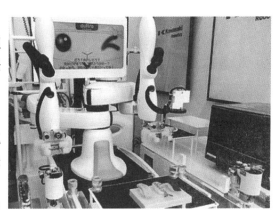

图10.17　duAro机器人用于食品调味

子芯片检查、机器管护、材料去除和食品加工等领域，如图10.17所示。

duAro机器人的主要技术参数见表10.7。

表10.7　duAro机器人的技术参数

自由度		4×2 手臂
有效负荷		2 kg（1 个手臂）
重复定位精度		±0.05 mm
控制轴数		最大 12 轴
驱动方式		全数字伺服系统
运动模式	示教模式	双手臂协调运动、各手臂单独运动； 关节坐标系、基础坐标系、工具坐标系
	再现模式	双手臂协调插补、各手臂单独插补； 关节插补、直线插补
示教方式		直接示教、平板电脑简单示教
存储容量		4 MB
I/O 信号	通用输入（点）	NPN 规格：12（最大 28） PNP 规格：6（最大 16） Cubi-S 规格：6（最大 16）
	通用输出（点）	NPN 规格：4（最大12） PNP 规格：10（最大24） Cubi-S 规格：0（最大14）

续表10.7

电源规格	AC 200～240 V±10%、50 Hz /60 Hz±2%、单相、最大 2.0 kV·A
	D 种接地（机器人专用接地）、最大漏电电流 10mA 以下
本体质量	约 200 kg
安装方式	地面式
安装环境	环境温度	5～40 ℃
	相对湿度	35%~85%（无结露）

duAro机器人的动作范围见表10.8。

表10.8　duAro机器人的动作范围

动作	下手臂	上手臂
手臂旋转	-170º～+170º（JT（1）	-140º～+500º（JT（5）
手臂旋转	-140º～+140º（JT（2）	-140º～+140º（JT6）
手臂上下	0～150 mm（JT（3）	0～150 mm（JT7）
手腕回转	-360º～+360º（JT（4）	-360º～+360º（JT8）

对于视觉系统选件，其所有视觉设备都可以被嵌入在或被附加到duAro机器人上，不需要移动本体进行任何的重新布线。视觉处理软件嵌入在控制器内，而相机可以很容易安装在手臂末端，如图10.18所示。配置了视觉系统，duAro机器人的校正装置能够快速校正机器人的位置信息。

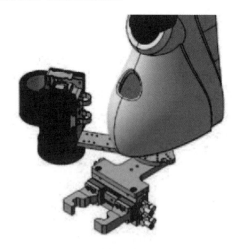
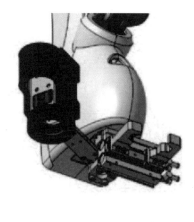

图10.18　相机放置位置

本章小结

人机协作型机器人作为一种新型的工业机器人，它让机器人彻底摆脱了护栏或围笼的束缚，可以完美地与作业人员共同协作，完成更多复杂多变的任务。人机协作与双臂机器人的出现，将会使工业机器人在制造业中的使用达到无限的可能，为工业机器人的发展开启了新时代。

思考题

1. 工业机器人发展呈现的新趋势主要表现在哪几个方面？

2. ABB YuMi机器人的重复定位精度是多少？

3. KUKA LBR iiwa机器人有几种机型？

4. 概述Sawyer机器人的特点。

5. duAro机器人的示教方式有哪几种？

参考文献

[1] 兰虎. 工业机器人技术及应用[M]. 北京：机械工业出版社，2014.

[2] 王保军，滕少峰. 工业机器人基础[M]. 武汉：华中科技大学出版社，2015.

[3] 邱庆. 工业机器人拆装与调试[M]. 武汉：华中科技大学出版社，2016.

[4] 滕宏春. 工业机器人与机械手[M]. 北京：电子工业出版社，2015.

[5] 汤晓华，蒋正炎，陈永平. 工业机器人应用技术[M]. 北京：高等教育出版社，2015.

[6] 刘小波. 工业机器人技术基础[M]. 北京：机械工业出版社，2016.

[7] 张培艳. 工业机器人操作与应用实践教程[M]. 上海：上海交通大学出版社，2009.

[8] 吴九澎. 机器人应用手册[M]. 北京：机械工业出版社，2014.

[9] 郭洪红. 工业机器人技术[M]. 西安：西安电子科技大学出版社，2006.

[10] 张爱红，张秋菊. 机器人示教编程方法[J]. 组合机床与自动化加工技术，2003（4）：47-49.

[11] 董春利. 机器人应用技术[M]. 北京：机械工业出版社，2014.

[12] ABB公司. ABB机器人培训资料[M]. 北京：ABB（中国）有限公司，2013.

[13] KUKA公司. KUKA机器人中文培训资料[M]. 上海：KUKA公司，2012.

[14] YASKAWA公司. YASKAWA机器人培训资料[M]. 上海：YASKAWA公司，2013.

[15] FANUC公司. FANUC机器人目录[M]. 北京：FANUC公司，2012.

[16] 郭洪红. 工业机器人通用技术[M]. 北京：科学出版社，2008.

[17] SAEED B N. 机器人学导论[M]. 孙富春，朱纪洪，刘国栋，译. 北京：电子工业出版社，2004.

[18] 吴振彪. 工业机器人[M]. 武汉：华中理工大学出版社，1997.

[19] 孙树栋. 工业机器人技术基础[M]. 西安：西北工业大学出版社，2006.

[20] 蔡自兴，谢斌. 机器人学[M]. 3版. 北京：清华大学出版社，2015.

[21] 刘伟，周广涛，王玉松. 焊接机器人基本操作及应用[M]. 北京：电子工业出版社，2012.

[22] 兰虎. 焊接机器人编程及应用[M]. 北京：机械工业出版社，2013.

[23] 叶晖. 工业机器人实操与应用技巧[M]. 北京：机械工业出版社，2010.

[24] 叶晖. 工业机器人典型案例精析[M]. 北京：机械工业出版社，2013.

[25] 胡伟，陈彬. 工业机器人行业应用实训教程[M]. 北京：机械工业出版社，2015.

[26] 管小清. 工业机器人产品包装典型应用精析[M]. 北京：机械工业出版社，2016.

[27] 蒋庆斌，陈小艳. 工业机器人现场编程[M]. 北京：机械工业出版社，2014.

[28] 汪励，陈小艳. 工业机器人工作站系统集成[M]. 北京：机械工业出版社，2014.

[29] 余任冲. 工业机器人应用案例入门[M]. 北京：电子工业出版社，2015.

[30] 谷宝峰. 机器人在打磨中的应用[J]. 机器人技术与应用，2008，3：27-29.

[31] 张明文. ABB六轴机器人入门实用教程[M]. 哈尔滨：哈尔滨工业大学出版社，2017.

[32] 张明文. 工业机器人入门实用教程（FANUC机器人）[M]. 哈尔滨：哈尔滨工业大学出版社，2017.

[33] 张明文. 工业机器人入门实用教程（SCARA机器人）[M]. 哈尔滨：哈尔滨工业大学出版社，2017.

[34] 张明文. 工业机器人离线编程[M]. 武汉：华中科技大学出版社，2017.

[35] 张明文. 工业机器人知识要点解析（ABB机器人）[M]. 哈尔滨：哈尔滨工业大学出版社，2017.

先进制造业学习平台

先进制造业职业技能学习平台
工业机器人教育网（www.irobot-edu.com）

先进制造业互动教学平台
"海渡学院"APP

一键下载
收入口袋

海渡学院APP

专业的教育平台	先进制造业垂直领域在线教育平台
更轻的学习方式	随时随地、无门槛实时线上学习
全维度学习体验	理论加实操，线上线下无缝对接
更快的成长路径	与百万工程师在线一起学习交流

领取专享积分

下载"海渡学院APP"，进入"学问"—"圈子"，
晒出您与本书的合影或学习心得，即可领取超额积分。

积分兑换

专家课程

实体书籍

实物周边

线下实操

步骤一

登录"工业机器人教育网"

www.irobot-edu.com，菜单栏单击【学院】

步骤二

单击菜单栏【在线学堂】下方找到您需要的课程

步骤三

课程内视频下方单击【课件下载】

教学课件下载步骤

咨询与反馈

尊敬的读者：

感谢您选用我们的教材！

本书有丰富的配套教学资源，在使用过程中，如有任何疑问或建议，可通过邮件（edubot@hitrobotgroup.com）或扫描右侧二维码，在线提交咨询信息。

全国服务热线：400-6688-955

（教学资源建议反馈表）